Heinzjoachim Franeck

EAGLE-STARTHILFE

Technische Mechanik

EAGLE 015:

www.eagle-leipzig.de/015-franeck.htm

Edition am Gutenbergplatz Leipzig

Gegründet am 21. Februar 2003 in Leipzig.
Im Dienste der Wissenschaft.

Hauptrichtungen dieses Verlages für Forschung, Lehre und Anwendung sind:
Mathematik, Informatik, Naturwissenschaften, Wirtschaftswissenschaften, Wissenschafts- und Kulturgeschichte.
Die Auswahl der Themen erfolgt in Leipzig in bewährter Weise.
Die Manuskripte werden lektoratsseitig betreut, von führenden deutschen Anbietern professionell auf der Basis Print on Demand produziert und weltweit vertrieben. Die Herstellung der Bücher erfolgt innerhalb kürzester Fristen. Sie bleiben lieferbar; man kann sie aber auch jederzeit problemlos aktualisieren.
Das Verlagsprogramm basiert auf der vertrauensvollen Zusammenarbeit mit dem Autor.

"EAGLE-STARTHILFEN" aus Leipzig erleichtern den Start in ein Wissenschaftsgebiet.

Einige der Bände wenden sich gezielt an Schüler, die ein Studium beginnen wollen, sowie an Studienanfänger.
Diese Titel schlagen eine Brücke von der Schule zur Hochschule und bereiten den Leser auf seine künftige Arbeit mit umfangreichen Lehrbüchern vor.

Starthilfen des Wissenschaftsverlages
"Edition am Gutenbergplatz Leipzig" (EAGLE)
erscheinen seit 2004. Sie eignen sich auch zum Selbststudium und als Hilfe bei der individuellen Prüfungsvorbereitung an Universitäten, Fachhochschulen und Berufsakademien.

Jeder Band ist inhaltlich in sich abgeschlossen und leicht lesbar.

EAGLE-STARTHILFE: www.eagle-leipzig.de/starthilfe.htm

Heinzjoachim Franeck

EAGLE-STARTHILFE
Technische Mechanik

Ein Leitfaden
für Studienanfänger des Ingenieurwesens

2., bearbeitete und erweiterte Auflage

EAG.LE Edition am Gutenbergplatz
Leipzig

Bibliografische Information der Deutschen Bibliothek
Die Deutsche Bibliothek verzeichnet diese Publikation in der Deutschen Nationalbibliografie;
detaillierte bibliografische Daten sind im Internet über http://dnb.ddb.de abrufbar.

Prof. Dr. rer. nat. habil. Heinzjoachim Franeck
Geboren 1930 in Görlitz/Schlesien. Ab 1950 Studium des Bauingenieurwesens an der Technischen Hochschule Dresden. Diplom 1956. Von 1956 bis 1959 wissenschaftlicher Assistent an der Bergakademie Freiberg. Promotion 1959. Von 1959 bis 1969 wissenschaftlicher Mitarbeiter an der Bergakademie Freiberg. 1969 Habilitation in Freiberg. Von 1969 bis 1990 Hochschuldozent für Kinematik und Kinetik. 1990 Ernennung zum außerordentlichen Professor. 1992 Berufung zum Professor für Festkörpermechanik an der Technischen Universität Bergakademie Freiberg. 1998 Eintritt in den Ruhestand.

Die erste Auflage dieses Buches erschien als Teubner-Starthilfe:
Stuttgart / Leipzig: B. G. Teubner 1996.
2., bearbeitete und erweiterte Aufl.: Edition am Gutenbergplatz Leipzig 2004.
EAGLE-STARTHILFE Technische Mechanik.

Erste Umschlagseite:
Elbbrücke "Blaues Wunder" in Dresden (Foto: Jens Franeck, Dresden / August 2004).
Hängefachwerkbrücke (141,5 m), erbaut 1891 bis 1893 von C. Köpke und H. M. Krüger.

Vierte Umschlagseite:
Dieses Motiv zur BUGRA Leipzig 1914 (Weltausstellung für Buchgewerbe und Graphik) zeigt neben B. Thorvaldsens Gutenbergdenkmal auch das Leipziger Neue Rathaus sowie das Völkerschlachtdenkmal.

Für vielfältige Unterstützung sei der Teubner-Stiftung in Leipzig gedankt.

EAGLE 015: www.eagle-leipzig.de/015-franeck.htm

Printed in Germany
Umschlaggestaltung: Sittauer Mediendesign, Leipzig
Herstellung: Books on Demand GmbH, Norderstedt

ISBN 3-937219-15-3

Aus dem Vorwort zur ersten Auflage

Als mir von der B.G. Teubner Verlagsgesellschaft in Leipzig vorgeschlagen wurde, eine „Starthilfe Technische Mechanik“ zu verfassen, habe ich gern zugesagt. Während Mathematiker, Physiker oder Chemiker zumindest am Studienbeginn an bekanntes Wissen aus dem schulischen Lehrstoff anknüpfen können, verlangt die Technische Mechanik eine völlig neue, „ingenieurmäßige“ Denkweise. Sie setzt mathematische und physikalische Kenntnisse voraus und wendet diese auf Problemstellungen an, deren Begriffswelt und Ausdrucksweise dem Studierenden noch fremd sind. So besteht die Gefahr, dass nach kurzer Zeit der „rote Faden“ verloren geht, und die Studentin bzw. der Student die Orientierung in der Fülle der Teilgebiete, Ansätze und Lösungsmöglichkeiten verliert.

Hier soll nun das vorliegende Buch Abhilfe schaffen. Es gibt einen kurz gefassten Einblick in die Technische Mechanik, wobei ich mich im Interesse eines handlichen Buchumfangs auf drei Hauptgebiete („Statik starrer Körper“, „Statik elastischer Körper“ und „Kinematik und Kinetik“) beschränke und auf die Herleitung der Formeln verzichte. Dem Leser werden viele Zusammenhänge erklärt und auch einige nützliche Hinweise zur Lösung von Mechanik-Aufgaben aufgenommen.

Den Damen und Herren der Arbeitsgruppe Mechanik der TU Bergakademie Freiberg danke ich für ihre Hilfe bei der Lösung vieler Probleme, die ich bei der Herstellung der Druckvorlage hatte. Frau Dipl.-Ing.-Päd. Monika Müller gebührt Dank für eine kritische Durchsicht des Manuskripts. Ebenso danke ich Frau Brigitte Kieschnick, die sehr sorgfältig die Abbildungen gezeichnet hat. Einen besonderen Dank spreche ich meinem Kollegen Herrn Prof. Dr.-Ing.habil. Hans-Georg Recke (Heilbronn) aus, der mir manchen Ratschlag gegeben hat. Nicht zuletzt danke ich B.G. Teubner in Leipzig, insbesondere Herrn Jürgen Weiß, für die Anregung zu diesem Buch und für die freundliche, verständnisvolle Zusammenarbeit.

Freiberg, im August 1996 Heinzjoachim Franeck

Vorwort zur zweiten Auflage

Es freut mich sehr, dass eine 2., bearbeitete und erweiterte Auflage der „Starthilfe Technische Mechanik“ im Wissenschaftsverlag „Edition am Gutenbergplatz Leipzig“ erscheinen kann. Neben der Korrektur einiger Druckfehler habe ich den Abschnitt über erzwungene Schwingungen um einige Untersuchungen ergänzt und Beispiele eingefügt. Mein Dank richtet sich an Herrn Prof. Dr. Reinhold Ritter (Braunschweig) für wertvolle Hinweise hinsichtlich der Neuauflage.

Freiberg/Dresden, im August 2004 Heinzjoachim Franeck

Inhalt

Einführung

Wenn Sie dieses Buch zur Hand nehmen, um darin zu lesen, dann vielleicht deshalb, weil Sie sich für ein Ingenieurstudium interessieren oder bereits mit dem Studium begonnen haben und nun einmal wissen wollen, was es eigentlich mit dieser *„Technischen Mechanik“* auf sich hat. In nicht wenigen Studienplänen fängt die Lehrveranstaltung *Technische Mechanik* bereits in der ersten Woche des ersten Semesters an, und während Ihnen Fachgebiete wie zum Beispiel Mathematik, Physik oder Chemie aus Ihrer bisherigen Ausbildung bekannt sind, ist die „Technische Mechanik“ – ebenso wie auch andere Vorlesungen – etwas Neues, außer, dass Sie vielleicht schon von Freunden oder auch Kommilitonen gehört haben, dieses Fach sei schwer und könne deshalb leicht zum „Stolperstein“ werden.

Um Ihre Befürchtungen etwas zu zerstreuen und Ihnen gewissermaßen den „roten Faden“ herauszuarbeiten, der sich während des Studiums der Technischen Mechanik durch die Lehrveranstaltung zieht, habe ich dieses Buch geschrieben. Dabei sind die Akzente in der Stoffauswahl und in der Erklärungsbreite dort gesetzt, wo nach meinen langjährigen Lehrerfahrungen Verständnisschwierigkeiten bestehen. Dies schließt auch ein, hin und wieder – trotz des geringen Buchumfangs – Querverbindungen zu erwähnen oder einfache praktische Hinweise zu geben. Sie werden also am Beginn unseres gemeinsamen Weges durch die *„TM“* manche zusätzliche Bemerkung finden, während später – wenn Sie mit der „Denkweise“ der Technischen Mechanik etwas vertrauter sind – die Darstellungen knapper gefasst werden können. Glauben Sie aber bitte nicht, dass es mit dem Lesen dieses Buches getan sei: Es ist eine „Starthilfe“, und ich gehe deshalb auf nur wenigen Druckseiten auf die wichtigen Teilgebiete der Technischen Mechanik ein. In einer Lehrveranstaltung oder auch in einem Lehrbuch werden Sie selbstverständlich weitaus gründlicher und viel umfassender informiert.

Das Wort *Mechanik* wurde von ARISTOTELES (384 – 322 v.Chr.) in seiner berühmten Schrift „Mechanica Problemata“ eingeführt. Die Mechanik hat die Aufgabe, die in der Natur auftretenden Bewegungen der Gegenstände (eine Bewegung mit der Geschwindigkeit Null, also die Ruhe, ist in dieser Betrachtung enthalten) in geeigneter Weise (durch ein „Modell“) zu beschreiben und zu untersuchen. Eine Nachprüfung der Ergebnisse durch direkte oder indirekte Messungen sollte möglich sein.

In der Mechanik haben sich zwei verschiedene Zweige herausgebildet: Die

Theoretische (Analytische) Mechanik
und die
Technische(Angewandte) Mechanik.

Während die erstere alle mechanischen Erscheinungen aus der Sicht des Mathematikers analysiert und formuliert, beschäftigt sich letztere im weitesten Sinne damit, Baukonstruktionen oder auch Maschinen und deren Elemente bezüglich ihrer Festigkeit und ihres Tragverhaltens zu untersuchen. Brücken, Hallen, Kräne,

Stützmauern, Fahrzeuge, Schüttelsiebe usw. müssen den auf sie einwirkenden Lasten und Antriebskräften standhalten beziehungsweise sollen vorgeschriebene Bewegungen ausführen. Eine eindeutige Grenze zwischen theoretischer und technischer Mechanik lässt sich nicht ziehen, beide haben viele Berührungspunkte. Infolge der Technikentwicklung wächst die Zahl der Aufgaben und Anforderungen hinsichtlich mechanischer Probleme, welche die Praxis an den Ingenieur stellt. Manche mechanische Erkenntnis, die bisher allein zur analytischen Mechanik gehörte und nur theoretisches Interesse zu haben schien, ist in jüngster Zeit zum Gegenstand der Technischen Mechanik geworden.

Zur präzisen Ableitung und Formulierung der mechanischen Gesetzmäßigkeiten bedienen wir uns der Mathematik, und in dieser Hinsicht ist die Technische Mechanik – abgesehen von ihrer unbestrittenen technikbezogenen Bedeutung – auch für alle Ingenieure das ideale Übungsterrain, auf dem sie ihre mathematischen Kenntnisse und Fertigkeiten bei der Lösung ingenieurtechnischer Probleme anwenden können. (Womit wir auch eine Teilantwort auf die mitunter gestellte Studentenfrage haben: „Wozu brauchen wir eigentlich die Technische Mechanik?").

Die *Technische Mechanik* teilt man seit JOHN LESLIE (1766 – 1832) in zwei große Gebiete ein: die *Kinematik* und die *Dynamik*. Die *Kinematik* ist die *Lehre von den Bewegungen*. Sie befasst sich mit Begriffen wie Weg, Geschwindigkeit, Beschleunigung und Zeit. Die *Dynamik* ist die *Lehre von den Kräften*. Hier unterscheidet man zwischen der *Statik* als der *Lehre vom Gleichgewicht der Kräfte am ruhenden oder gleichförmig bewegten Körper* (also der Verbindung von Dynamik und Kinematik für den Spezialfall v = konst.) und der *Kinetik* als der *Lehre von den Bewegungen* (und zwar für $v \neq$ konst.) *in Verbindung mit ihren Ursachen*, den *äußeren* oder *eingeprägten* Kräften.

Aus Zweckmäßigkeitsgründen sieht man auch eine andere Unterteilung nach dem Aggregatzustand der Materie vor. Danach gibt es die

Mechanik starrer Körper
(Stereomechanik),
Mechanik deformierbarer Körper,
Mechanik flüssiger Körper
(Hydromechanik),
Mechanik gasförmiger Körper
(Aeromechanik).

Die *Statik starrer Körper* gehört zur Mechanik starrer Körper. Die *Statik deformierbarer Körper* ist ein Teilgebiet der Mechanik deformierbarer Körper und wird auch als *Festigkeitslehre* bezeichnet. Beschränken sich die Untersuchungen auf *elastisch deformierbare Körper*, so spricht man von der *Statik elastischer Körper*. Somit finden Sie – dem allgemeinen Brauch folgend – den Inhalt dieses Buches in die drei Abschnitte

Statik starrer Körper,
Statik elastischer Körper,
Kinematik und Kinetik

geordnet. (Im allgemeinen Studentensprachgebrauch wird zwar Kinematik und Kinetik oft unter dem Begriff Dynamik zusammengefasst, das ist aber nach obiger Einteilung nicht korrekt.)

Statik starrer Körper

1 Grundbegriffe und Axiome

1.1 Die Kraft

Natürlich wissen Sie aus dem Physikunterricht bzw. aus der Physikvorlesung, was man unter einer *Kraft* zu verstehen hat: Sie ist eine physikalische Größe und *Ursache für die Bewegungsänderung sowie für die Formänderung von Körpern.* Als typisches Beispiel kennen Sie die Gewichtskraft als die Kraft, mit der ein Körper von der Erde angezogen wird. In Verallgemeinerung dieses physikalischen Naturgesetzes sind Kräfte physikalische Größen, welche die Wirkung einer Gewichtskraft zu ersetzen vermögen, d. h. mit einer Gewichtskraft vergleichbar sind. Das können z. B. eine Federkraft, eine Muskelkraft, eine magnetische Kraft oder auch eine elektrische Kraft sein.
Einheit der Kraft:
$[F] = 1 \text{ kg m/s}^2 = 1 \text{ Newton (N)}.$

1.2 Einteilung der Kräfte

Die in der Technischen Mechanik interessierenden Kräfte teilen wir in vier Gruppen ein.
Volumenkräfte p sind dem Volumenelement eines Körpers eingeprägt.
Einheit der Volumenkraft:

$$[p] = \frac{[F]}{[V]} = 1 \text{ N/m}^3.$$

Flächenkräfte p oder σ wirken flächenhaft verteilt und treten zum Beispiel bei der Berührung zweier Körper auf.
Einheit der Flächenkraft:

$$[p], [\sigma] = \frac{[F]}{[A]} = 1 \text{ N/m}^2.$$

Linienkräfte p oder q greifen wie bei einer Schneide längs einer mathematischen Linie an. Da eine Linie die Breite Null hat, ist eine Linienkraft nur eine Idealisierung, die aber umso genauer zutrifft, je idealer (dünner) die Schneide ist.
Einheit der Linienkraft:

$$[p], [q] = \frac{[F]}{[l]} = 1 \text{ N/m}.$$

Einzelkräfte F schließlich wirken an einem mathematischen Punkt. Auch das ist natürlich eine Idealisierung, da Kräfte immer nur auf Flächen, und seien sie noch so klein, angreifen können. Im strengen Sinne gibt es also bei den hier betrachteten Kräften gar keine Einzelkräfte.
Einheit der Einzelkraft:
$[F] = 1 \text{ kg m/s}^2 = 1 \text{ N}.$

1.3 Darstellung einer Kraft

Eine Einzelkraft beschreiben wir durch einen Vektor $\boldsymbol{F}$, der an seine *Wirkungslinie* gebunden ist: Demzufolge ist eine Kraft ein *gebundener Vektor*. Die Bestimmungsstücke dieses Vektors sind seine *Größe* (Betrag), seine *Richtung* (Wirkungslinie), sein *Richtungssinn* und sein *Angriffspunkt*. Vektoren werden im Druck meistens durch fette Buchstaben, in Abbildungen durch einen Pfeil mit daneben angeordnetem Betrag (eventuell mit einem Pfeil über dem Betrag) dargestellt. Bei analytischen Lösungen ist der

Kraftvektor eindeutig festgelegt, wenn wir seine *Komponenten* in einem Koordinatensystem bzw. seinen Betrag und einen (bei zweidimensionalen Problemen) oder zwei (bei dreidimensionalen Problemen) Richtungswinkel kennen.

Bei grafischen Lösungen wird oft eine vektorielle Addition von Kraftvektoren gefordert. Dabei müssen wir beachten, dass man eine Kraft nicht ohne weiteres zeichnen kann (ebensowenig wie man eine Geschwindigkeit oder eine Zeit zeichnen kann). Wir benötigen vielmehr einen *Kräfteplan* und müssen in diesem mit Hilfe eines *Kräftemaßstabes* den Zusammenhang zwischen der Einheit der Zeichengröße (meistens 1 cm) und der zugehörigen Kraftgröße (N) angeben. Das geschieht zum Beispiel durch eine Vereinbarung

$$1{,}0\ \text{cm} \mathrel{\hat{=}} \ldots\ \text{N}.$$

Ein *Lageplan*, der ausschließlich geometrischen Abmessungen vorbehalten ist (Maßstab 1 : ...), informiert nur über Wirkungslinie, Richtungssinn und Angriffspunkt der Kräfte. Die Pfeillänge im Lageplan ist ohne Bedeutung.

1.4 Verschiebungsaxiom

An einem starren Körper (und nur an diesem!) kann eine Kraft auf ihrer Wirkungslinie verschoben werden, ohne dass sich an ihrer Wirkung auf den Körper etwas ändert (Abb. 1).

> *Die Wirkung einer Einzelkraft auf einen starren Körper ist von der Lage des Angriffspunktes der Kraft auf der Wirkungslinie unabhängig (Linienflüchtigkeit).*

Dabei ist ein *starrer Körper* wiederum nur eine Modellvorstellung. Unter genügend großen Kräften deformiert sich jeder Körper, jedoch kann man ihn für einfache dynamische Untersuchungen als starr, also nicht verformbar, ansehen.

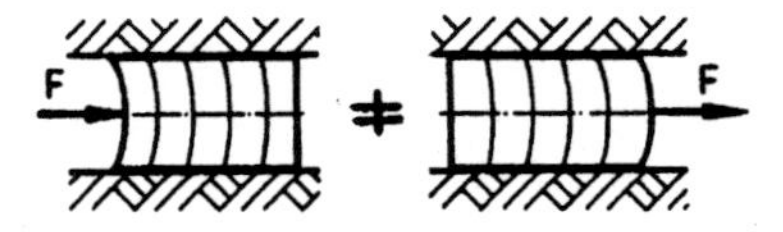

Deformierbarer Körper

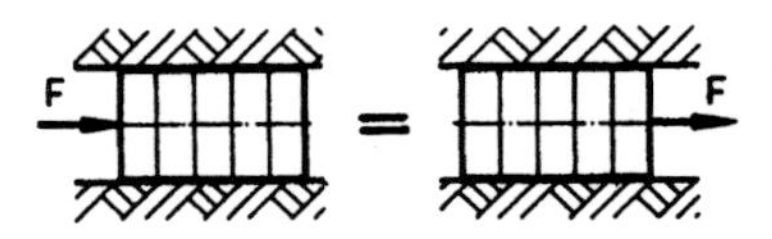

Starrer Körper

Abbildung 1: Verschiebungsaxiom

1.5 Reaktionsaxiom

Ein grundlegendes Naturgesetz ist das von ISAAC NEWTON (1643 – 1727) als *drittes* NEWTON*sches Axiom* formulierte *Gesetz der Gleichheit von Wirkung und Gegenwirkung einer Kraft (Wechselwirkungsgesetz)*:

> *Die Kräfte, die zwei Körper aufeinander ausüben, sind gleich groß, liegen in einer gemeinsamen Wirkungslinie und haben entgegengesetzten Richtungssinn. Die eine kann als Reaktion der anderen aufgefasst werden.*

Mathematisch wird dieses Axiom durch die Vektorgleichung

$$\boldsymbol{F_1} = -\,\boldsymbol{F_2} \quad \text{bzw.} \quad \boldsymbol{F_1} + \boldsymbol{F_2} = \boldsymbol{0}$$

ausgedrückt.

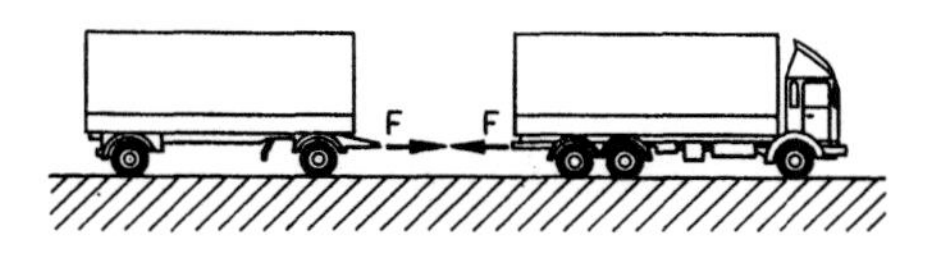

Abbildung 2: Reaktionsaxiom

Um die zwischen zwei Körpern wirkenden Kräfte „sichtbar" zu machen, trennt man die Körper durch einen Schnitt vollständig voneinander (*Schnittprinzip*) und kann dann die beiden Kräfte einzeichnen. So üben zum Beispiel eine Zugmaschine und ihr Anhänger über die Zuggabel gleich große Kräfte F mit verschiedenem Richtungssinn aufeinander aus: Die Zugmaschine versucht, den Anhänger zu ziehen, während der Anhänger eine gleich große Kraft der Bewegung der Zugmaschine entgegensetzt (Abb.2).

1.6 Parallelogrammaxiom

Greifen an einem Punkt A eines starren Körpers zwei Einzelkräfte $\boldsymbol{F_1}$ und $\boldsymbol{F_2}$ mit verschiedenen Wirkungslinien an, so erhalten wir die dieser Kräftegruppe gleichwertige (*äquivalente*) Kraft $\boldsymbol{F_R}$ aus dem *Erfahrungsgesetz vom Parallelogramm der Kräfte (Äquivalenzprinzip)* (Abb. 3):

> *Die Wirkung zweier Kräfte $\boldsymbol{F_1}$ und $\boldsymbol{F_2}$ mit einem gemeinsamen Angriffspunkt A ist gleichwertig der Wirkung einer äquivalenten Kraft $\boldsymbol{F_R}$, die sich als von A ausgehende Diagonale des mit den Vektoren $\boldsymbol{F_1}$ und $\boldsymbol{F_2}$ gebildeten Parallelogramms ergibt.*

Wir bezeichnen die Kraft $\boldsymbol{F_R}$ als *resultierende Kraft* oder kürzer auch als *Resul-*

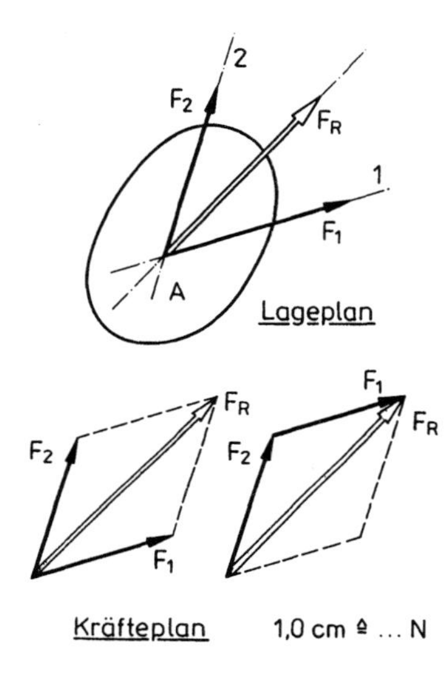

Abbildung 3: Parallelogrammaxiom

tierende der Kräfte $\boldsymbol{F_1}$ und $\boldsymbol{F_2}$. In Abb. 3 wird die Resultierende durch einen „weißen" Pfeil dargestellt. Das soll zum Ausdruck bringen, dass nicht Einzelkräfte *und* Resultierende vorhanden sind, sondern nur Einzelkräfte *oder* Resultierende (sie sind einander *äquivalent*). Wir werden diese Vereinbarung später oft anwenden. Die in Abb. 3 erkennbare Vektoraddition wird durch die Gleichung

$$\boldsymbol{F_1} + \boldsymbol{F_2} = \boldsymbol{F_R}$$

beschrieben. Es ist leicht einzusehen, dass durch Umkehrung des Satzes vom Parallelogramm der Kräfte eine bekannte Kraft $\boldsymbol{F}$ nach zwei gegebenen Richtungen 1 und 2 zerlegt werden kann. Dabei müssen wir allerdings verlangen, dass sich die beiden Richtungen auf der Wirkungslinie der Kraft $\boldsymbol{F}$ schneiden.

1.7 Das Moment

Wirken an einem Körper zwei Einzelkräfte $\boldsymbol{F_1}$ und $\boldsymbol{F_2}$, die zwar gleich groß und entgegengesetzt gerichtet sind, deren parallele Wirkungslinien jedoch einen senkrechten Abstand a voneinander aufweisen (Abb. 4), dann wird der Körper die Tendenz haben, sich zu drehen.

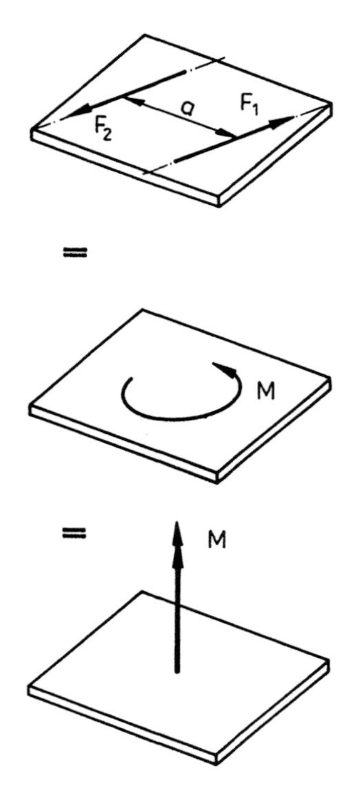

Abbildung 4: Kräftepaar und statisches Moment einer Kraft

Man nennt ein solches eine Drehtendenz auslösendes Kräftepaar $\boldsymbol{F_1} = -\boldsymbol{F_2}$ mit dem Abstand a *Drehmoment* oder auch kurz *Moment*. Es wird in Abbildungen durch ein Kreisbogenstück mit Pfeil in Drehrichtung oder durch einen *Momentenvektor* $\boldsymbol{M}$ mit Doppelspitze, der senkrecht auf der Drehebene steht, dargestellt. Der Betrag des Momentes ist gleich dem Produkt

$$\boxed{\mid \boldsymbol{M} \mid = M = \mid \boldsymbol{F_1} \mid a = \mid \boldsymbol{F_2} \mid a = Fa.}$$

Alle Kräftepaare, deren Produkt $Fa =$ konst. ist und die in zu einander parallelen Ebenen liegen, haben das gleiche Drehmoment. Der Richtungssinn des Momentenvektors $\boldsymbol{M}$ wird durch die „Korkenzieherbewegung“ („...so, wie man einen Korkenzieher in eine Flasche hineindreht...“) bestimmt. Dieser Momentenvektor ist ein *freier Vektor*, also sowohl linienflüchtig als auch parallel zu sich selbst verschiebbar. Zwei Momentenvektoren $\boldsymbol{M_1}$ und $\boldsymbol{M_2}$ können wie Kräfte entsprechend dem Satz vom Parallelogramm der Kräfte zu einem *resultierenden Momentenvektor* $\boldsymbol{M_R}$ vektoriell addiert werden. Die resultierende Kraft eines Kräftepaares ist Null.

Während das durch ein Kräftepaar hervorgerufene Drehmoment ein freier Vektor ist, trifft dies für das Moment, welches eine Kraft $\boldsymbol{F}$ um einen Punkt C mit dem Hebelarm a ausübt, nicht mehr zu. Man bezeichnet ein solches Moment $M = Fa$ im Gegensatz zum Drehmoment als *Moment der Kraft* $\boldsymbol{F}$ *bezüglich des Punktes* C oder auch kürzer als *statisches Moment der Kraft* $\boldsymbol{F}$. Seine Größe und sein Drehsinn hängen entscheidend von der Lage des Drehpunktes C ab.
Einheit des Momentes:
$[M] = 1$ N m.

2 Äquivalenz und Gleichgewicht

2.1 Kräftegruppen

Alle an einem starren Körper angreifenden Einzelkräfte $\boldsymbol{F_i}$ (i=1,2,3,. . . ,n) fassen wir zu einer *Kräftegruppe* zusammen. Liegen alle Kräfte dieser Kräftegruppe in einer Ebene, so sprechen wir von einer *ebenen Kräftegruppe*, sind die Kräfte dagegen willkürlich im Raum verteilt, dann nennen wir sie eine *räumliche Kräftegruppe*. Weiterhin unterscheiden wir die Kräftegruppen danach, ob sich alle Wirkungslinien der Kräfte in einem Punkt schneiden (*zentrale Kräftegruppe*) oder nicht (*beliebige Kräftegruppe*). In dieser „Starthilfe" wollen wir nur auf *ebene* Kräftegruppen eingehen.

Die Hauptaufgabe der Statik besteht nun darin, festzustellen, ob sich die Kräfte einer vorgegebenen Kräftegruppe in ihrer Wirkung aufheben (*Gleichgewicht*), oder eine andere Kräftegruppe zu finden, welche die gleiche Wirkung wie die vorgeschriebene Kräftegruppe hat (*Äquivalenz*). (Das kann im einfachsten Fall auch nur *eine* Kraft sein.)

Noch eine Bemerkung sei vorangeschickt: Wenn wir in der Mechanik eine analytische Untersuchung durchführen wollen, so ist es unbedingt erforderlich, ein Koordinatensystem zu verwenden, in dem wir die gegebenen und die berechneten Größen eindeutig beschreiben können (denn nur dann sind unsere Ergebnisse nachprüfbar). Für die meisten Aufgaben genügt dazu ein rechtwinkliges kartesisches x, y, z–Koordinatensystem.

2.2 Ebene zentrale Kräftegruppen

In der von den Wirkungslinien der ebenen zentralen Kräftegruppe aufgespannten Ebene wählen wir ein x, y-Koordinatensystem (Abb. 5)

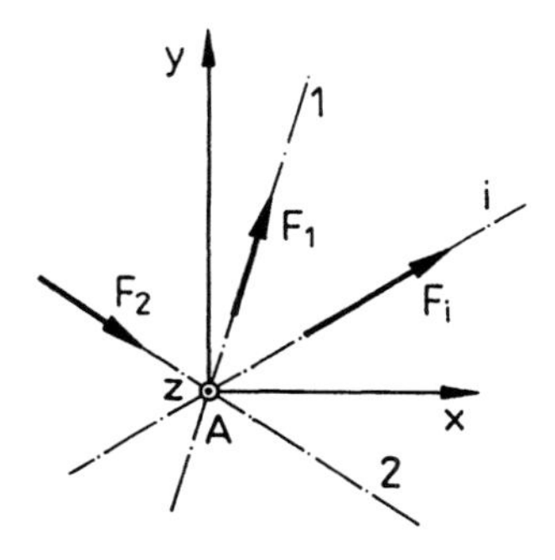

Abbildung 5: Zentrale Kräftegruppe

und legen die Richtung und den Richtungssinn jeder Kraft $\boldsymbol{F_i}$ durch den von der positiven x-Achse aus im Gegenuhrzeigersinn gemessenen Winkel α_i fest (Abb. 6).

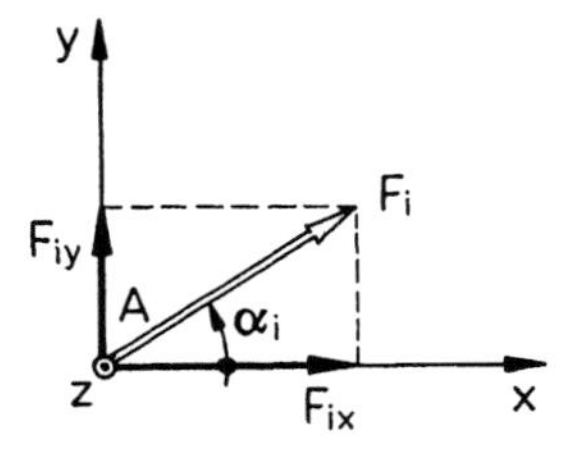

Abbildung 6: Komponenten einer Kraft

Ersetzen wir alle Kräfte $\boldsymbol{F_i}$ durch ihre Komponenten F_{ix} und F_{iy} bezüglich der Koordinatenachsen, so erhalten wir die resultierende Kraft $\boldsymbol{F_R}$ aus den

Äquivalenzbedingungen:

$$F_{Rx} = \sum_{i=1}^{n} F_{ix} = \sum_{i=1}^{n} F_i \cos\alpha_i\,,$$

$$F_{Ry} = \sum_{i=1}^{n} F_{iy} = \sum_{i=1}^{n} F_i \sin\alpha_i\,,$$

$$F_R = \sqrt{F_{Rx}^2 + F_{Ry}^2}\,,$$

$$\cos\alpha_R = F_{Rx}/F_R\,,$$

$$\sin\alpha_R = F_{Ry}/F_R\,.$$

Die Wirkungslinie der resultierenden Kraft $\boldsymbol{F_R}$ geht selbstverständlich auch durch den gemeinsamen Schnittpunkt A der Einzelkräfte.

Wenn Sie in den vorstehenden Gleichungen den Winkel α_i konsequent im mathematisch positiven Sinne (also entgegen dem Uhrzeigersinn) von der positiven x-Achse aus messen, dann folgen wegen der wechselnden Vorzeichen der Winkelfunktionen $\sin\alpha$ und $\cos\alpha$ alle Kraftkomponenten mit ihrem richtigen Vorzeichen (d. h. also nach „links“ gerichtete x-Komponenten und nach „unten“ gerichtete y-Komponenten mit negativem Vorzeichen!).

Stehen alle Kräfte der Kräftegruppe miteinander im Gleichgewicht, so darf es keine resultierende Kraft geben. Damit lauten die zwei *Gleichgewichtsbedingungen der ebenen zentralen Kräftegruppe*

$$\sum_{i=1}^{n} F_{ix} = \sum_{i=1}^{n} F_i \cos\alpha_i = 0\,,$$

$$\sum_{i=1}^{n} F_{iy} = \sum_{i=1}^{n} F_i \sin\alpha_i = 0\,.$$

2.3 Ebene beliebige Kräftegruppen

Sind die vorgeschriebenen Kräfte beliebig in der Ebene verteilt (Abb. 7), so können wir genauso wie bei der zentralen Kräftegruppe zunächst eine resultierende Kraft $\boldsymbol{F_R}$ bestimmen, deren Wirkungslinie wir aber noch nicht kennen. Wir lassen also die resultierende Kraft erst einmal im Koordinatenursprung angreifen, müssen dann aber bedenken, dass jede Kraft F_i ein statisches Moment um diesen Koordinatenursprung hat, welches wir bei einer Parallelverschiebung dieser Kraft durch den Koordinatenursprung berücksichtigen müssen.

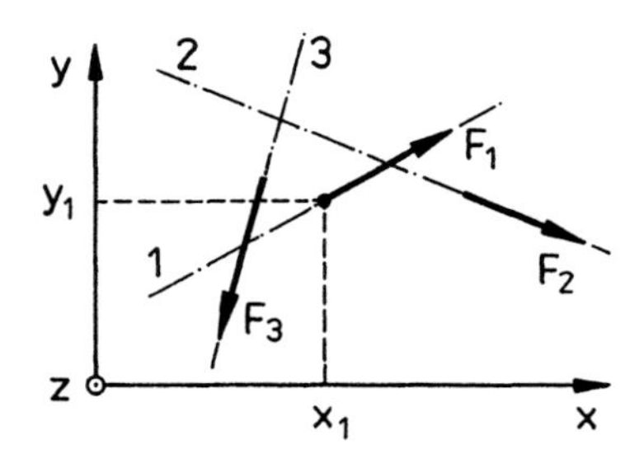

Abbildung 7: Beliebige Kräftegruppe

Sind a_i der senkrechte Abstand der Wirkungslinie der Kraft F_i vom Koordinatenursprung und x_i und y_i die Koordinaten eines beliebigen Punktes auf der Wirkungslinie (Linienflüchtigkeit der Kraft!), dann berechnen wir dieses statische Moment im mathematisch positiven Drehsinn (entgegen dem Uhrzeigerdrehsinn) zu (Abb. 8)

$$M_{iz} = F_i\,a_i = F_{iy}\,x_i - F_{ix}\,y_i$$

$$= F_i\,\sin\alpha_i\,x_i - F_i\,\cos\alpha_i\,y_i\,.$$

Wir ersetzen also eine beliebige ebene Kräftegruppe äquivalent durch eine resultierende Kraft $\boldsymbol{F_R}$ im Koordinatenursprung und ein *resultierendes Moment* M_R um den Koordinatenursprung (Äquivalenzbedingungen):

$$
\begin{aligned}
F_{Rx} &= \sum_{i=1}^{n} F_{ix}\,, \\
F_{Ry} &= \sum_{i=1}^{n} F_{iy}\,, \\
F_R &= \sqrt{F_{Rx}^2 + F_{Ry}^2}\,, \\
\cos\alpha_R &= F_{Rx}/F_R\,, \\
\sin\alpha_R &= F_{Ry}/F_R\,, \\
M_R &= \sum_{i=1}^{n} (F_{iy}\,x_i - F_{ix}\,y_i)\,.
\end{aligned}
$$

Natürlich können wir die resultierende Kraft wieder soweit parallel zu sich selbst um den Betrag a aus dem Koordinatenursprung hinausschieben, dass ihr dann auftretendes Moment vom Betrage $F_R\,a$ dem resultierenden Moment M_R äquivalent ist. Mit dem Steigungswinkel

$$\tan\alpha_R = \sin\alpha_R/\cos\alpha_R = F_{Ry}/F_{Rx}$$

und dem Schnittpunkt $y_o = -M_R/F_{Rx}$ der Wirkungslinie der Resultierenden mit der y-Achse erhalten wir die *Zentrallinie* $y = y(x)$ mit der Geradengleichung

$$y(x) = \frac{F_{Ry}}{F_{Rx}}\,x - \frac{M_R}{F_{Rx}}\,.$$

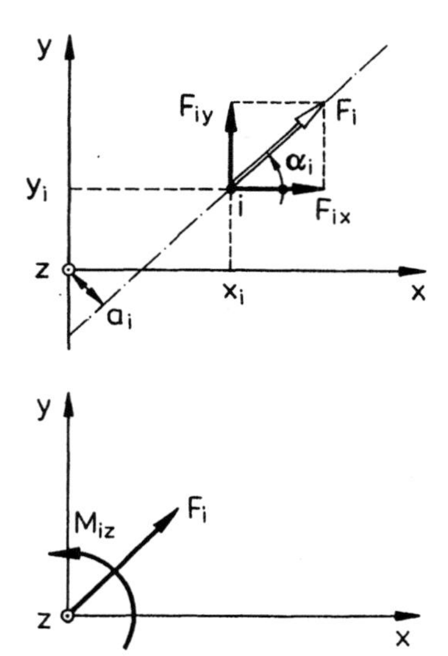

Abbildung 8: Drehmoment einer Kraft

Im Gleichgewichtsfalle muss neben der resultierenden Kraft $\boldsymbol{F_R}$ auch das resultierende Drehmoment M_R Null sein. Es folgen die drei *Gleichgewichtsbedingungen der ebenen beliebigen Kräftegruppe*

$$
\begin{aligned}
\sum_{i=1}^{n} F_{ix} &= 0\,, \\
\sum_{i=1}^{n} F_{iy} &= 0\,, \\
\sum_{i=1}^{n} (F_{iy}\,x_i - F_{ix}\,y_i) &= 0\,.
\end{aligned}
$$

Weiterführende Stoffgebiete: Vektorielle Darstellung von Kräftegruppen, grafische Lösungen (Kraft- und Seileck), Kräftezerlegung (CULMANNsche Gerade), räumliche zentrale Kräftegruppen, räumliche beliebige Kräftegruppen (Kraftschraube, Kraftkreuz).

3 Linienkräfte

Wir wollen in diesem Buch nur den für praktische Anwendungen wichtigen Fall behandeln, dass die Linienkräfte in einer Ebene liegen und senkrecht zu einer Geraden wirken (Abb. 9). Man kann den Verlauf einer Linienkraft in einem Intervall $s_1 \ldots s_2$ durch die Funktion $p(s)$ analytisch beschreiben.

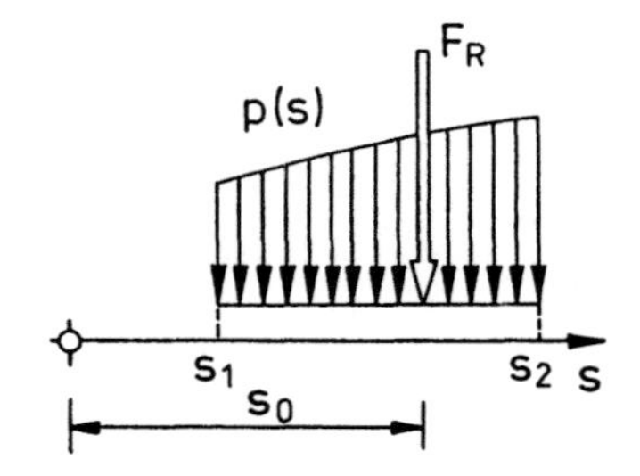

Abbildung 9: Linienkraft

Wirken derartige Linienkräfte als Belastungen auf Tragwerke, so ist es für statische Berechnungen oft vorteilhaft, Linienkräfte äquivalent durch Einzelkräfte zu ersetzen. Die Resultierende einer Linienkraft $p(s)$ beträgt in dem Intervall $s_1 \ldots s_2$

$$F_R = \int_{s_1}^{s_2} p(s)\,\mathrm{d}s\,,$$

und ihre Lage ist durch die Koordinate

$$s_o = \frac{1}{F_R}\int_{s_1}^{s_2} p(s)s\,\mathrm{d}s$$

bestimmt. In Abb. 9 wird die Resultierende wieder durch einen „weißen“ Pfeil dargestellt. Das soll zum Ausdruck bringen, dass nicht Linienkraft *und* Resultierende an dem Tragwerk angreifen, sondern nur *eine* von beiden.

Als Beispiele für Größe und Lage von Linienkräften seien die *Rechteckbelastung* (Abb. 10) und die *Dreieckbelastung* (Abb. 11) genannt.

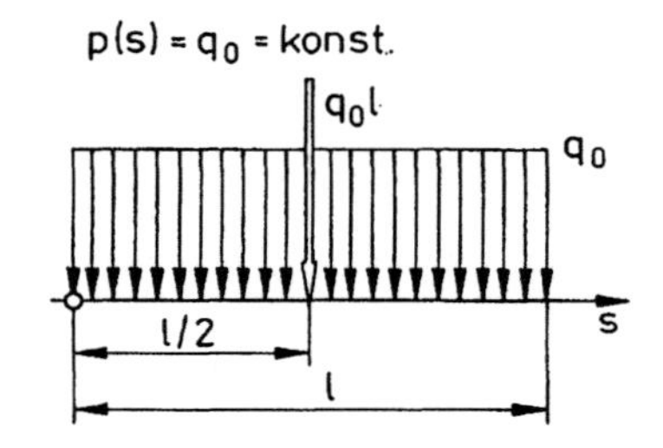

Abbildung 10: Rechteckbelastung

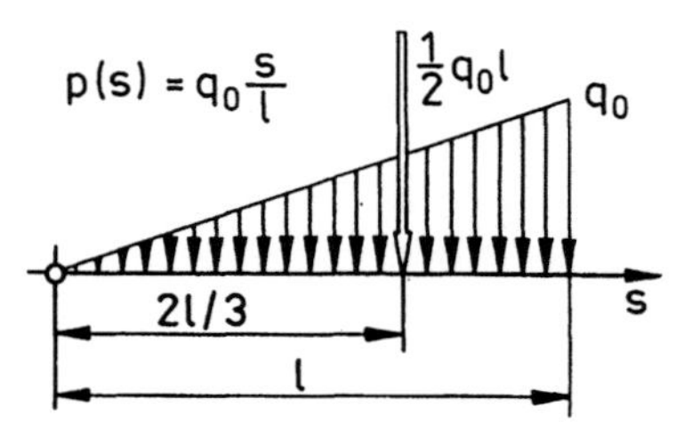

Abbildung 11: Dreieckbelastung

Rechteckbelastung:

$$F_R = q_o l \quad ; \quad s_o = l/2\,,$$

Dreieckbelastung:

$$F_R = q_o l/2 \quad ; \quad s_o = 2l/3\,.$$

Natürlich können wir die Integrationen umgehen, wenn eine Linienkraft aus zum Beispiel Rechteck- und Dreieckbelastungen besteht. Wir wenden dann das *Super-*

positionsprinzip der (linearen) Mechanik an. Es besagt:

> *In der Statik starrer Körper setzt sich die Wirkung einer Gesamtbelastung durch Addition der zu den Teilbelastungen gehörenden Wirkungen zusammen.*

Wir erhalten

$$F_R = \sum_{i=1}^{n} F_{Ri} \ ; \quad s_o = \frac{1}{F_R} \sum_{i=1}^{n} F_{Ri}\, s_{oi} \,.$$

Weiterführende Stoffgebiete: Beliebig verlaufende Linienkräfte, Größe und Lage der Resultierenden von Flächenkräften und Volumenkräften.

4 Schwerpunkte

4.1 Definition

Jeder massebehaftete Körper ist der Anziehungskraft (*Schwerkraft*) der Erde unterworfen. Da die Schwerkraft auf jedes Massenelement $\mathrm{d}m$ vom Volumen $\mathrm{d}V$ wirkt, ist sie eine Massenkraft bzw. eine Volumenkraft. Die infolge der Schwerkraft an den Massenelementen angreifenden parallelen Kräfte können zu einer Resultierenden zusammengefasst werden. Die für verschiedene Lagen des Körpers im Raum entstehenden Wirkungslinien schneiden sich in *einem* Punkt, dem *Schwerpunkt* oder *Massenmittelpunkt*.

4.2 Schwerpunkte von Körpern

Der wichtige Sonderfall, dass das spezifische Gewicht eines Körpers mit dem Volumen V nicht vom Ort abhängt, führt mit dem Gesamtvolumen

$$V = \int_{(V)} \mathrm{d}V$$

zu den *Schwerpunktkoordinaten eines Körpers* in einem rechtwinkligen kartesischen Koordinatensystem

$$\begin{aligned} x_S &= \frac{1}{V} \int_{(V)} x \,\mathrm{d}V \,, \\ y_S &= \frac{1}{V} \int_{(V)} y \,\mathrm{d}V \,, \\ z_S &= \frac{1}{V} \int_{(V)} z \,\mathrm{d}V \,. \end{aligned}$$

Wenn wir einen Körper vom Volumen V in n Teilkörper V_i $(i = 1, 2, 3, \ldots, n)$ zerlegen können, so dass

$$V = \sum_{i=1}^{n} V_i$$

gilt, bestimmen wir die Schwerpunktkoordinaten aus

$$\begin{aligned} x_S &= \frac{1}{V} \sum_{i=1}^{n} x_i V_i \,, \\ y_S &= \frac{1}{V} \sum_{i=1}^{n} y_i V_i \,, \\ z_S &= \frac{1}{V} \sum_{i=1}^{n} z_i V_i \,. \end{aligned}$$

Bei der Anwendung dieser Gleichungen ist zu beachten, dass in einem Körper natürlich auch offene bzw. geschlossene

Hohlräume vorhanden sein können. Diese wird man bei entsprechender Aufteilung des Körpers als Teilräume mit negativem Vorzeichen in obige Gleichungen einsetzen. Auch für Teilkörper, deren Schwerpunktkoordinaten negativ sind, müssen diese negativen Vorzeichen bei der Summenbildung berücksichtigt werden.

4.3 Schwerpunkte von Flächen

Da wir eine Fläche als Körper mit sehr geringer konstanter Dicke h betrachten können ($V = h\,A$ bzw. $\mathrm{d}V = h\,\mathrm{d}A$), erhalten wir mit der Gesamtfläche

$$A = \int_{(A)} \mathrm{d}A\,; \quad A = \sum_{i=1}^{n} A_i$$

entsprechende Gleichungen für die gesuchten *Schwerpunktkoordinaten einer ebenen Fläche* in einem rechtwinkligen kartesischen x, y–Koordinatensystem (Abb. 12)

$$x_S = \frac{1}{A}\int_{(A)} x\,\mathrm{d}A\,,$$

$$y_S = \frac{1}{A}\int_{(A)} y\,\mathrm{d}A\,,$$

$$x_S = \frac{1}{A}\sum_{i=1}^{n} x_i A_i\,,$$

$$y_S = \frac{1}{A}\sum_{i=1}^{n} y_i A_i\,.$$

Für einige einfache Flächen sind die Koordinaten x_S, y_S der Schwerpunkte in Tafel 1 (Abschnitt 13.1) angegeben. Die

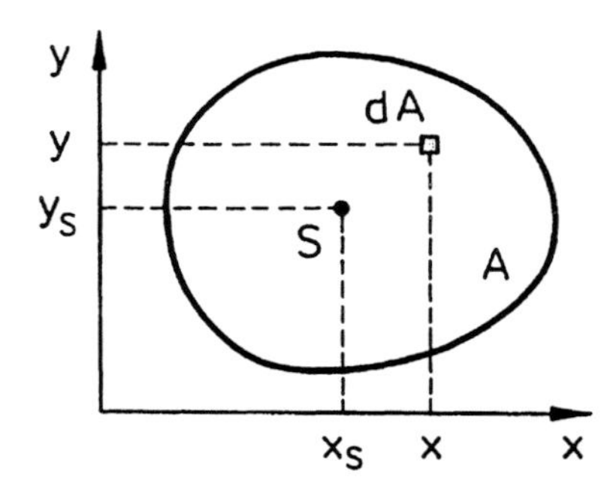

Abbildung 12: Flächenschwerpunkt

Schwerpunktlagen für weitere Flächen und auch Körper finden Sie in jedem einschlägigen Tabellenbuch.

Vergleichen wir die bei der Berechnung von Flächenschwerpunkten auftretenden Formeln mit den Gleichungen für Größe und Lage der Resultierenden von Linienkräften, so erkennen wir, dass die Größe einer Linienkraftresultierenden gleich dem Inhalt der von der Linienkraft und der s-Achse im Intervall $s_1 \ldots s_2$ gebildeten „Fläche“ ist und die Wirkungslinie der Resultierenden durch den Schwerpunkt dieser „Fläche“ verläuft.

4.4 Schwerpunkte von Linien

Eine Linie können wir uns als langgestreckten Körper mit sehr kleiner konstanter Querschnittsfläche A vorstellen. Mit $V = A\,l$ bzw. $\mathrm{d}V = A\,\mathrm{d}s$ folgen dann die *Schwerpunktkoordinaten einer ebenen Linie* in einem rechtwinkligen kartesischen x, y-Koordinatensystem aus den entsprechenden Beziehungen für den Körper mit

$$l = \int_{(l)} \mathrm{d}s\,; \quad l = \sum_{i=1}^{n} l_i$$

zu

$$x_S = \frac{1}{l} \int_{(l)} x \, \mathrm{d}s \,, \qquad y_S = \frac{1}{l} \int_{(l)} y \, \mathrm{d}s \,, \qquad x_S = \frac{1}{l} \sum_{i=1}^{n} x_i l_i \,, \qquad y_S = \frac{1}{l} \sum_{i=1}^{n} y_i l_i \,.$$

Eine praktische Bedeutung haben Linienschwerpunkte zum Beispiel für Stanzwerkzeuge, bei denen die resultierende Druckkraft im Schwerpunkt der Schneidlinie angreifen muss, um eine gleichmäßige Kraftverteilung zwischen Stempel und Schneidplatte zu gewährleisten und damit ein Verkippen des Werkzeuges zu vermeiden.

5 Ebene Tragwerke

5.1 Definitionen und Annahmen

Ein *Tragwerk* ist ein starrer Körper, der fest mit seiner Umgebung verbunden ist. (Zur Erinnerung: Unter einem „starren Körper“ verstehen wir ein technisches Gebilde, dessen Verformung unter einer Belastung mit hinreichender Genauigkeit vernachlässigt werden kann. Alle Abmessungen und Abstände bleiben konstant.) Das Tragwerk muss in der Lage sein, die an ihm angreifenden *eingeprägten* Kräfte und Momente aufzunehmen und diese nach vorgeschriebenen Stellen des Tragwerkes – den *Auflagern* oder kurz *Lagern* – weiterzuleiten. Die dann in den Lagern auftretenden *Stützkräfte* und *Stützmomente* fasst man unter dem Begriff *Stützgrößen* zusammen. Eingeprägte Kräfte und Momente sowie Stützgrößen sind die auf das Tragwerk einwirkenden *äußeren* Kräfte und Momente. Die Werte der *Stützgrößen* bestimmen wir mit Hilfe der Gleichgewichtsbedingungen.

Wenn Sie sich einmal eine Brücke, eine Aufbereitungsmaschine oder auch einen PKW anschauen, werden Sie einsehen, dass es schier unmöglich ist, ein solches „Tragwerk“ so zu berechnen, wie es vor Ihnen steht, also mit allen Ecken und Kanten, mit allen Unterlegscheiben und Muttern, Hebeln und Beschlägen. Erstens beteiligen sich derartige Bauteile nicht wesentlich bei der Weiterleitung von Kräften und zweitens wäre ihre exakte Berücksichtigung auch mit einem unzumutbaren Rechenaufwand verbunden. Der Ingenieur hilft sich nun derart, dass er mit Verantwortungsbewusstsein und technischem „know-how“ alles am Tragwerk weglässt, was nicht unmittelbar bei der Übertragung von Kräften und Momenten mitwirkt. Er schafft sich ein *Berechnungsmodell* nach dem Motto: *So einfach wie möglich, so kompliziert wie nötig*. Diese Probleme der Modellbildung erfordern viel Erfahrung, und wir gehen in diesem Buch nicht näher darauf ein.

Wir können unser Berechnungsmodell weiterhin vereinfachen, indem wir es für die statische Untersuchung nicht in seiner ursprünglichen Gestalt aufzeichnen (also die *Träger* oder *Balken* mit ihren Höhen, die Lager in ihrer exakten Ausbildung), sondern für die Bauteile bestimmte Symbole verwenden, die allgemein bekannt sind bzw. in Ausnahmefällen vereinbart werden müssen. Das sind gerade oder gebogene Linien für Träger, Dreiecke für Lager, kleine Kreise für Gelenke usw. Um dabei die Bemaßung des Modells weitgehend mit den wahren Abmessungen übereinstimmen zu lassen, legen wir die gerade oder gebogene Linie, die den Träger darstellen soll, in seine *Schwereachse* (das ist die Verbindungslinie aller Schwerpunkte der Trägerquerschnitte).

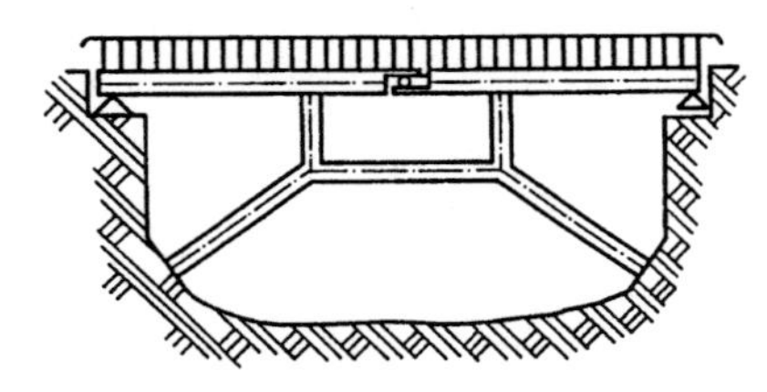

Abbildung 13: Vereinfachtes Brückenbild

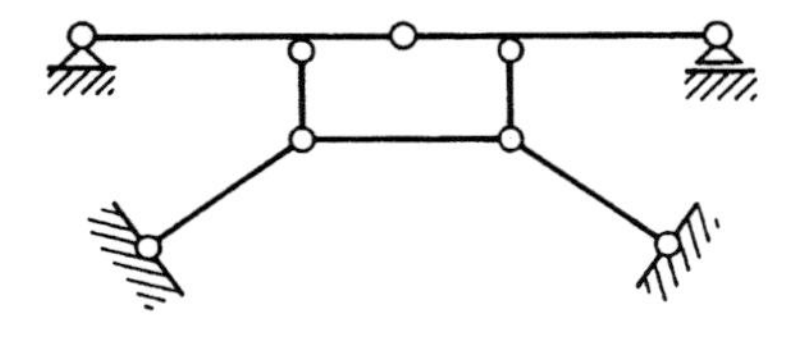

Abbildung 14: Berechnungsmodell

Als Beispiel betrachten wir das bereits stark vereinfachte Bild einer Brücke in Abb. 13 und das zugehörige Modell in Abb. 14. Die in diesem Bild eingezeichneten Kreise (Gelenke) sind entweder in Wirklichkeit vorhandene Gelenke (vgl. Abschnitt 5.5), oder aber auch nur Gelenke, welche im Zuge der Modellbildung zur Berechnungsvereinfachung angenommen werden (vgl. Abschnitt 6.1).

5.2 Stützgrößen und Gelenkkräfte ebener Tragwerke

Wir trennen ein einteiliges in sich starres Tragwerk durch einen angenommenen Schnitt von seinen beiden Auflagern (*Freischneiden*). Dadurch werden die in den Lagern wirkenden Stützkräfte (oder auch Stützmomente) „sichtbar“, die eine Verschiebung des freigeschnittenen Tragwerkes in x-Richtung und in y-Richtung und eine Verdrehung des Tragwerkes um eine zur x, y-Ebene senkrechte Achse verhindern (Abb. 15). Das von seinen Auflagern befreite Tragwerk hat somit den *Freiheitsgrad* $f = 3$.

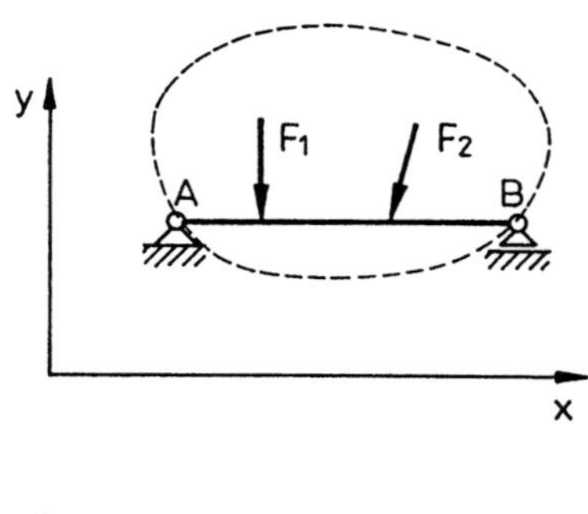

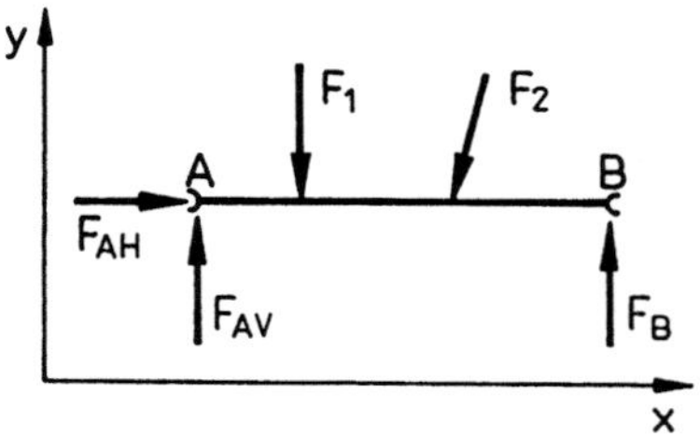

Abbildung 15: Freischneiden

Es reicht also aus, an dem einteiligen Tragwerk drei Stützkräfte (oder auch zwei Stützkräfte und ein Stützmoment) vorzusehen, deren Größe wir aus den drei Gleichgewichtsbedingungen ermitteln können. (Die Wirkungslinien der drei Stützkräfte dürfen sich nicht in einem Punkt schneiden.) Einige in der Statik ebener Tragwerke gebräuchliche Lager einschließlich ihrer Symbole und Lagerreaktionen können Sie der Abb. 16 entnehmen.

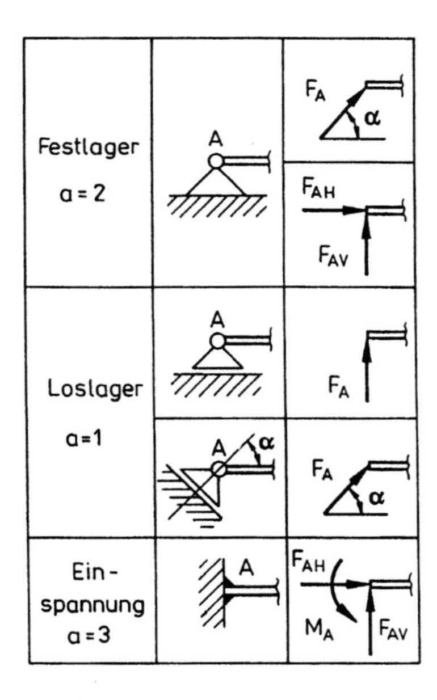

Abbildung 16: Lagerungen

Tragwerke, die aus mehreren Teilen bestehen, sind in *Gelenken* miteinander verbunden. Gelenke leisten einer gegenseitigen Verdrehung der beiden Tragwerkteile keinen Widerstand und können daher nur eine (beliebig gerichtete) *Gelenkkraft* F_G übertragen. Diese ist durch ihre horizontale Komponente F_{GH} und ihre vertikale Komponente F_{GV} festgelegt (Abb. 17).

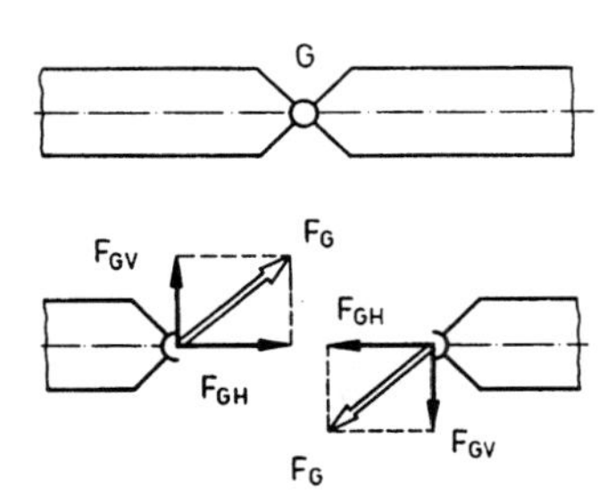

Abbildung 17: Gelenk

Die Gelenkkraft wird „sichtbar“, wenn wir das Gelenk „aufschneiden“. Wegen des Reaktionsaxioms ist die an einem Tragwerkteil wirkende Gelenkkraft der am anderen Tragwerkteil angreifenden Gelenkkraft betragsmäßig gleich, dieser aber entgegengesetzt gerichtet.

5.3 Statisch bestimmte und statisch unbestimmte Tragwerke

Zerlegt man ein aus n Teilen zusammengefügtes Tragwerk durch Freischneiden an den Lagern und den g Gelenken in seine Einzelteile, so können wir für jedes dieser n Teile 3 Gleichgewichtsbedingungen aufstellen, uns stehen also insgesamt $3n$ linear unabhängige Gleichgewichtsbedingungen für die Ermittlung der a Stützgrößen und $2g$ Gelenkkräfte zur Verfügung. Lassen sich mit diesen $3n$ Gleichgewichtsbedingungen die a Stützgrößen und $2g$ Gelenkkräfte berechnen, so nennt man das Tragwerk *statisch bestimmt gelagert* oder kürzer *statisch bestimmt*.

Es gilt

$$\boxed{a + 2g = 3n\,.}$$

> *Ein Tragwerk ist statisch bestimmt, wenn bei beliebiger Belastung des Tragwerkes die Stützgrößen und Gelenkkräfte allein aus den Gleichgewichtsbedingungen ermittelt werden können.*

Ist dagegen die Anzahl $a + 2g$ der unbekannten Stützgrößen und Gelenkkräfte größer als die Anzahl $3n$ der zur Verfügung stehenden Gleichungen, also

$$\boxed{a + 2g > 3n\,,}$$

so ist das Tragwerk *statisch unbestimmt* (gelagert). In diesem Falle benötigen wir für die Berechnung der Unbekannten weitere Bedingungen, die wir in der *Statik elastischer Körper* kennen lernen werden. (Liefert vorstehende Gleichung $a + 2g < 3n$, so liegt kein Tragwerk vor.) Beachten Sie bitte, dass wir immer von Stütz*größen* und nicht von Stütz*kräften* sprechen, da auch Stütz*momente* auftreten können.

In den Abbildungen 18 und 19 sind zwei Beispiele für ein statisch bestimmtes ($a = 4\,;\, g = 1\,;\, n = 2 \to 4 + 2 \cdot 1 = 6 = 3 \cdot 2 = 6$) und ein statisch unbestimmtes ($a = 6\,;\, g = 1\,;\, n = 2 \to 6 + 2 \cdot 1 = 8 > 3 \cdot 2 = 6$) Tragwerk dargestellt.

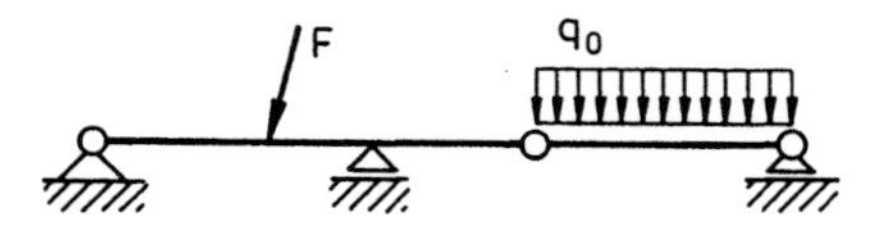

Abbildung 18: Statisch bestimmtes Tragwerk

Das in Abb. 18 gezeichnete Tragwerk ist statisch bestimmt, weil für die Berech-

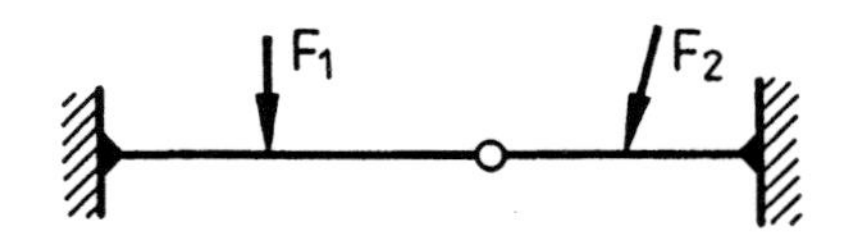

Abbildung 19: Statisch unbestimmtes Tragwerk

nung der 6 unbekannten Stütz- und Gelenkkräfte 6 Gleichgewichtsbedingungen zur Verfügung stehen. Dagegen sind bei dem Tragwerk in Abb. 19 für die Ermittlung der 8 unbekannten Stütz- und Gelenkgrößen nur 6 Gleichgewichtsbedingungen vorhanden. Man sagt, das *Tragwerk ist* $8 - 6 = 2$*-fach statisch unbestimmt.*

5.4 Berechnung von Stützgrößen und Gelenkkräften

Nachdem wir durch „Abzählen“ festgestellt haben, dass ein gegebenes Tragwerk statisch bestimmt ist, schneiden wir es frei, d. h., wir entfernen alle Lager und trennen die Gelenke. Die dadurch ermöglichte Beweglichkeit der einzelnen Tragwerkteile unterbinden wir, indem wir an den Lagern und Gelenken die – vorerst noch unbekannten – Stützkräfte, Stützmomente und Gelenkkräfte anbringen (Abb. 20). Natürlich kennen wir deren Richtungssinn nicht und müssen diesen zunächst einmal annehmen. Ist unsere Annahme richtig, so erhalten wir aus den Gleichgewichtsbedingungen für diese Stützgröße oder Gelenkkraft ein positives Vorzeichen, haben wir dagegen den Richtungssinn falsch gewählt, so ergibt sich für diese Größe ein negatives Vorzeichen. (Dann dürfen Sie aber nicht nachträglich in Ihrem Modell die Kraftrich-

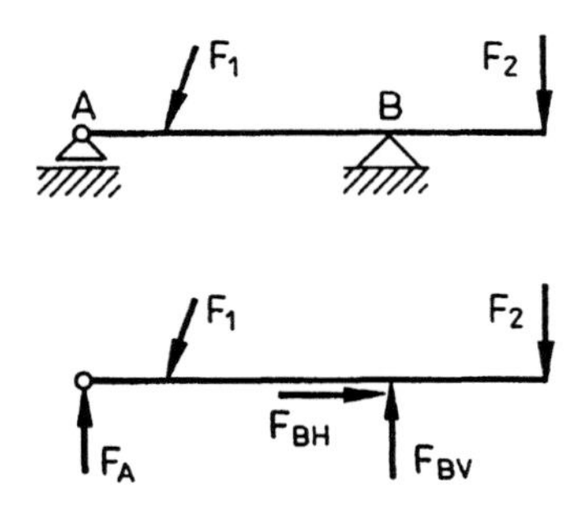

Abbildung 20: Stützgrößen an einem Tragwerk

tung umdrehen, da sich dann ja auch sofort die Gleichgewichtsbedingungen ändern!)

Die für jedes Tragwerk (und natürlich für jedes Tragwerkteil) geltenden drei Gleichgewichtsbedingungen, also Summe aller senkrechten Kräfte gleich Null, Summe aller horizontalen Kräfte gleich Null, Summe aller Momente – um einen passend gewählten Bezugspunkt – gleich Null, reichen vollkommen zur Bestimmung der Stützgrößen und Gelenkkräfte aus. Man kann sich jedoch die Arbeit in bestimmten Fällen beträchtlich erleichtern, wenn man die Gleichgewichtsbedingung für die Momente mehrfach anwendet und die Bezugspunkte für die Momente so festlegt, dass immer nur eine Unbekannte in der Gleichung auftaucht. Das lässt sich fast immer einrichten, und man kann dann die Kräftegleichgewichtsbedingungen ebenso wie die Gleichgewichtsbedingungen am Gesamttragwerk, die ja ebenfalls erfüllt sein müssen, als willkommene Kontrolle der Berechnung benutzen.

Für den in Abb. 21 gezeichneten Träger auf zwei Stützen lautet die Rechnung:

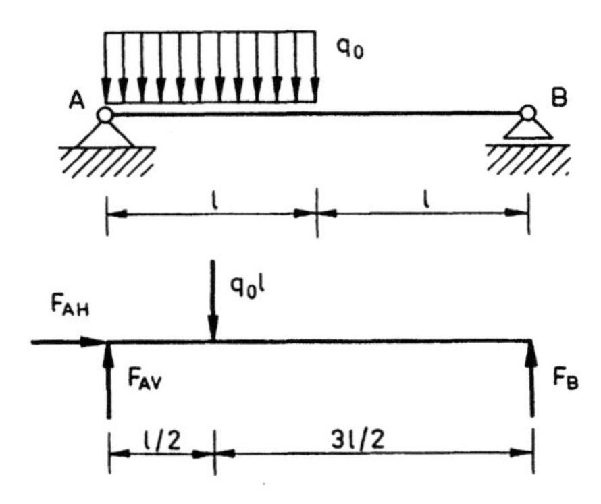

Abbildung 21: Träger auf zwei Stützen

$$\sum_{i=1}^{n} F_{iH} = 0 :$$

$$\rightarrow \qquad F_{AH} = 0 ,$$

$$\sum_{i=1}^{n} M_{iB} = 0 :$$

$$F_{AV} \cdot 2\,l - q_o l \cdot \frac{3\,l}{2} = 0$$

$$\rightarrow \qquad F_{AV} = \frac{3}{4}\, q_o l ,$$

$$\sum_{i=1}^{n} M_{iA} = 0 :$$

$$F_B \cdot 2\,l - q_o l \cdot \frac{l}{2} = 0$$

$$\rightarrow \qquad F_B = \frac{1}{4}\, q_o l ,$$

Kontrolle:

$$\sum_{i=1}^{n} F_{iV} = 0 :$$

$$F_{AV} - q_o l + F_B = 0 .$$

Dass wir in dem vorstehenden Beispiel plötzlich vier Gleichgewichtsbedingungen verwendet haben, darf Sie nicht zu dem Schluss verleiten, es gäbe an einem einteiligen Tragwerk mehr als drei Gleichgewichtsbedingungen: Die von uns verwendete Kontrollbedingung „Summe aller senkrechten Kräfte muss gleich Null sein“ ist nichts anderes als die Summe der beiden Gleichgewichtsbedingungen für die Momente um die Punkte A und B (man sagt: *eine Linearkombination* der beiden Gleichungen) und dient somit nur als Kontrolle für die Zahlenrechnung.

5.5 Mehrteilige Tragwerke

Als Beispiele für mehrteilige statisch bestimmte Tragwerke geben wir für sehr große Trägerlängen den GERBER-*Träger* (*Gelenkträger*) (Abb. 22) (GOTTFRIED HEINRICH GERBER (1832 – 1912)) und als Tragwerk ohne Lagerverschiebungen den *Dreigelenkbogen* (Abb. 23) an. (Die hier im Modell eingezeichneten Gelenke – in der konstruktiven Ausbildung Vollzylinder in Zylinderschalen – sind natürlich am realen Bauwerk vorhanden und können z. B. bei Bahnhofshallen oder auch Kranbahnträgern betrachtet werden.)

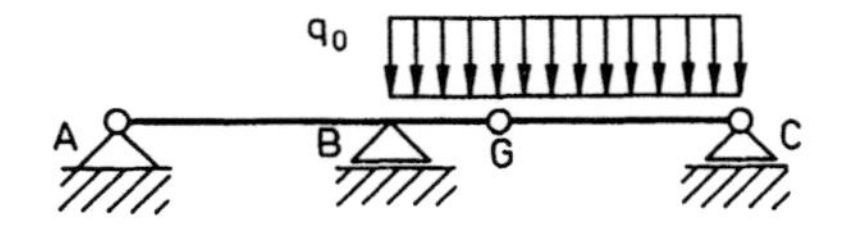

Abbildung 22: GERBER-Träger

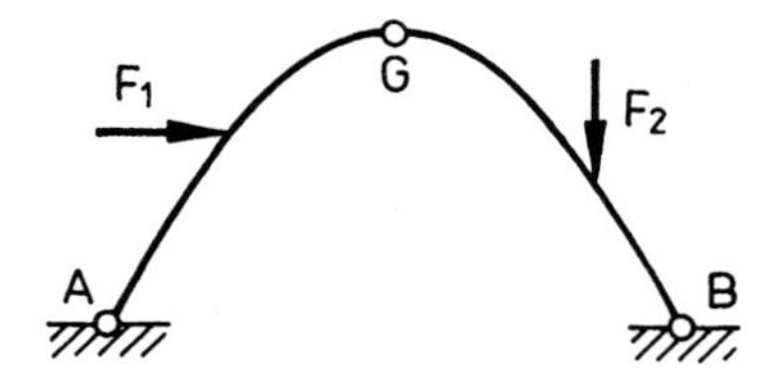

Abbildung 23: Dreigelenkbogen

Bei der statischen Untersuchung solcher mehrteiliger Tragwerke müssen wir beachten, dass Linienkräfte – als Folge des Schnittprinzips – zunächst einmal nur an jedem Tragwerkteil durch ihre Resultierenden ersetzt werden dürfen. Nur wenn man die Gleichgewichtsbedingungen am Gesamttragwerk aufstellt, können auch Gesamtresultierende gebildet werden.

Weiterführende Stoffgebiete: Grafische Ermittlung von Stütz- und Verbindungskräften, gekrümmte Tragwerke, Sprengwerke, räumliche einfache und mehrteilige Tragwerke, Prinzip der virtuellen Arbeit.

6 Ebene Fachwerke

6.1 Definitionen und Annahmen

Als *Fachwerk* bezeichnet man ein Tragwerk, das nur aus einzelnen *geraden* Stäben – den *Fachwerkstäben* – besteht. Die statische Berechnung eines Fachwerks ist unter den nachstehenden Modellannahmen relativ einfach:

1. Die geraden Stäbe sind miteinander durch Gelenke in den *Knoten* verbunden.
2. Jeder Stab ist nur mit seinen zwei Endpunkten an den Knoten befestigt.
3. Die äußeren Kräfte greifen nur in den Knoten an.

Ein solches Fachwerk bezeichnet man als *ideales Fachwerk* (Abb. 24). Natürlich

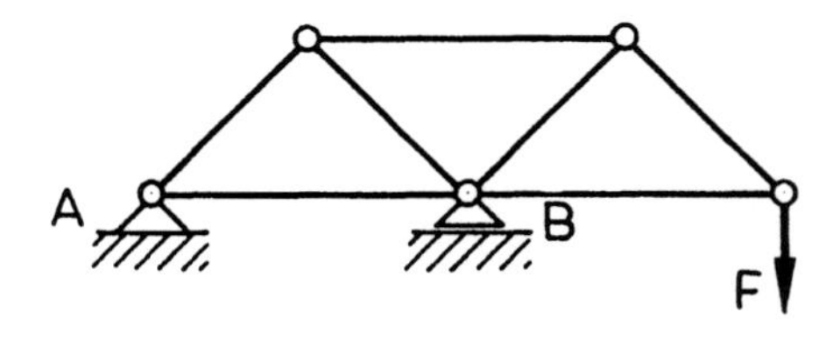

Abbildung 24: Ideales Fachwerk

gibt es in Wirklichkeit ein solches ideales Fachwerk nicht. Wenn Sie sich einen Brückenträger, einen Kranausleger oder einen Hochspannungsmast aus der Nähe anschauen, werden Sie erkennen, dass die Fachwerkstäbe in den Knoten an Knotenblechen angenietet, angeschraubt oder angeschweißt sind und dass von einem Gelenk nichts zu sehen ist. Für genauere Untersuchungen wird diese konstruktive Ausbildung auch berücksichtigt, aber für „einfache" Anforderungen erleichtert die Annahme von Gelenken im Schnittpunkt der Schwereachsen der Fachwerkstäbe (der *Stabachsen*) die statische Berechnung ungemein und ist im Rahmen der Modellbildung auch zulässig. (Demzufolge sind die Gelenke in den Schnittpunkten der Schwereachsen der Fachwerkstäbe nur eine Modellannahme und unterscheiden sich wesentlich von den Gelenken in GERBER-Trägern oder Dreigelenkbögen, die ja im realen Tragwerk vorhanden sind.)

Da, wie Sie bereits wissen, an einem Gelenk nur eine Gelenk*kraft* übertragen werden kann, bedeuten die 2. und 3. Annahme, dass an jedem der beiden Enden des Fachwerkstabes nur eine *Kraft* angreifen kann. Diese beiden Randkräfte müssen natürlich am *freigeschnittenen* Fachwerkstab miteinander eine Gleichgewichtsgruppe bilden. Dies hat wiederum zur Folge, dass beide Kräfte den gleichen Betrag haben, entgegengesetzt gerichtet sind und in einer Wirkungslinie, die in diesem Falle die Stabachse ist, liegen. Beanspruchen die *Stabkräfte* den Fachwerkstab auf „Zug", so heißt er *Zugstab*, drücken sie dagegen den Fachwerkstab, so sprechen wir von einem *Druckstab* (Abb. 25). Nach dem Reaktionsaxiom wirken die Stabkräfte aber auch am

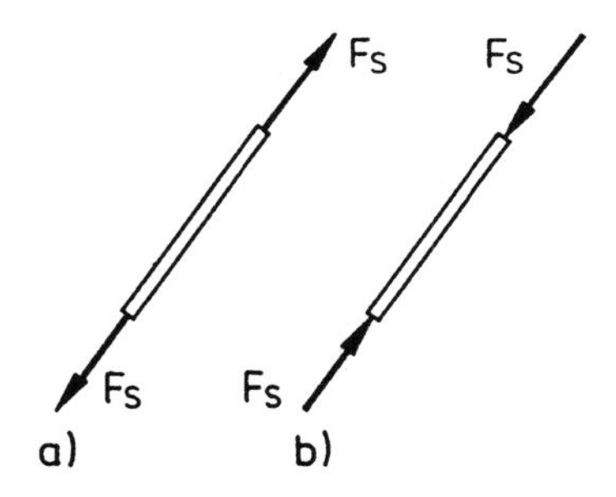

Abbildung 25: a) Zugstab; b) Druckstab

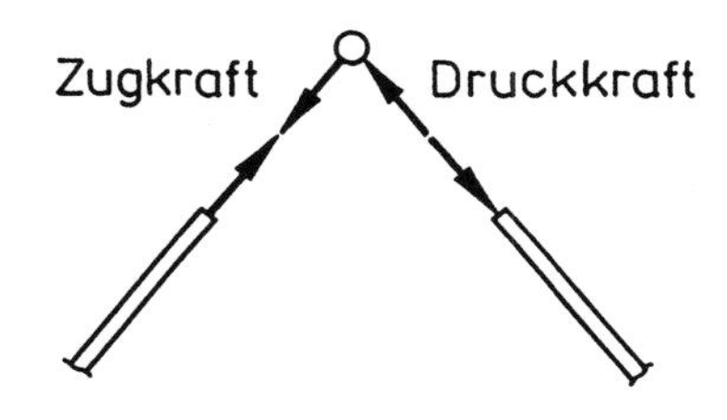

Abbildung 26: Stabkräfte am Knoten

Knoten, und so merken wir uns:

> *Eine* Zug*kraft (Zugstab) ist „vom Knoten weg" und eine* Druck*kraft (Druckstab) „auf den Knoten hin" gerichtet (Abb. 26).*

Als *ebenes Fachwerk* bezeichnen wir ein Fachwerk, bei dem alle Stabachsen und die Wirkungslinien der äußeren Kräfte in *einer* Ebene liegen.

6.2 Statisch bestimmte und statisch unbestimmte Fachwerke

Da in jedem Fachwerkstab eine Stabkraft übertragen wird, sind bei einem ebenen Fachwerk mit s Stäben auch s unbekannte Stabkräfte zu bestimmen. Dazu kommen a unbekannte Stützkräfte. Ihnen stehen an jedem der k freigeschnittenen Fachwerkknoten 2 Gleichgewichtsbedingungen (Summe aller Kräfte in einer Richtung – z. B. der horizontalen – gleich Null, Summe aller Kräfte in einer anderen Richtung – z. B. der senkrechten – gleich Null) gegenüber, und so nennen wir ein Fachwerk *statisch bestimmt*, wenn die Beziehung

$$\boxed{a + s = 2k}$$

gilt. Die dritte Gleichgewichtsbedingung (Summe aller Momente gleich Null) ist an einem Fachwerkknoten *immer* erfüllt, da sich die Wirkungslinien aller an einem Knoten angreifenden Stabkräfte im Knoten schneiden und somit keine dieser Stabkräfte ein Moment bezüglich des Knotens hervorruft. (Beachten Sie bitte, dass die beiden Gleichgewichtsbedingungen für die Kräfte: „Summe aller horizontalen Kräfte gleich Null", „Summe aller senkrechten Kräfte gleich Null" nicht nur für ein x, y-System gelten. Diese Bedingungen können wir ebenso auch für zwei beliebige nicht parallele Richtungen anschreiben.)

Für *statisch unbestimmte Fachwerke* ist

$$\boxed{a + s > 2k}$$

und für bewegliche Stabsysteme (*Mechanismen*)

$$\boxed{a + s < 2k\,.}$$

Während das Fachwerk in Abb. 27 statisch bestimmt ist (für die Berechnung der $a + s = 3 + 11 = 14$ unbekannten Stütz- und Stabkräfte gibt es $2 \cdot 7 = 14$ Gleichgewichtsbedingungen), heißt das Fachwerk in Abb. 28 wegen $a + s = 3 + 16 = 19 > 2\,k = 2 \cdot 8 = 16$ *3-fach statisch unbestimmt*.

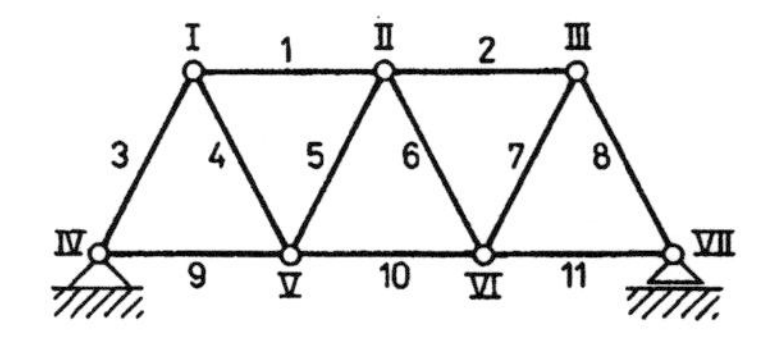

Abbildung 27: Statisch bestimmtes Fachwerk

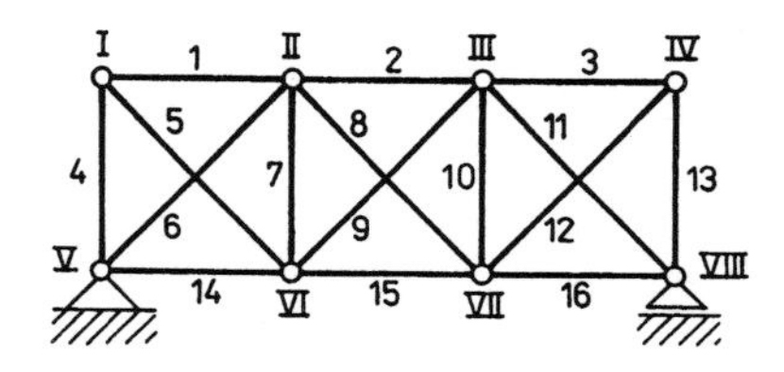

Abbildung 28: Statisch unbestimmtes Fachwerk

(Beachten Sie: Wenn man in jedem der drei „Quadrate" dieses Fachwerkes einen Diagonalstab entfernt, wird das Fachwerk sofort statisch bestimmt, da wir dann 3 Unbekannte weniger haben!)

6.3 Berechnung von Stabkräften

Die Stabkräfte eines idealen statisch bestimmten Fachwerkes werden berechnet, indem wir alle Knoten durch einen *Rundschnitt* aus dem Fachwerk freischneiden, an jedem Knoten die – zunächst unbekannten – Stabkräfte als *Zug*kräfte („vom Knoten weg") anbringen und diese dann aus den $2\,k$ Gleichgewichtsbedingungen bestimmen. Die Stützkräfte fallen „nebenbei" mit an bzw. können, wenn wir sie vorher aus den Gleichgewichtsbedingungen am Gesamttragwerk ermittelt haben, zur Kontrolle an einzelnen Knoten verwendet werden (Abb. 29).

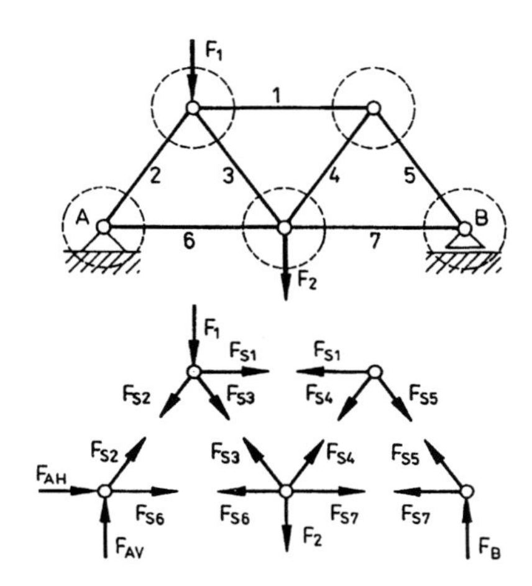

Abbildung 29: Rundschnittverfahren

Man beginnt nach Möglichkeit mit einem Knoten, an dem *nur zwei unbekannte Stabkräfte* angreifen, und „arbeitet“ sich dann Knoten für Knoten durch das gesamte Fachwerk „hindurch“. Auf diese Weise sind immer nur zwei Gleichungen mit zwei Unbekannten zu lösen.

Mit Hilfe des *Rundschnittverfahrens* lassen sich auch sofort die *Nullstäbe* herausfinden. Das sind Stäbe, in denen die Stabkraft bei einer speziellen Fachwerkbelastung Null ist. Es gibt drei leicht zu erkennende Konstruktionen, bei denen das der Fall ist (Abb. 30). Die Kräftegleichgewichtsbedingungen liefern jedesmal den Beweis für die verschwindende Stabkraft. (Solche Nullstäbe könnten wir aus dem Fachwerkverband entfernen, ohne das Tragvermögen des Fachwerkes zu beeinträchtigen. Selbstverständlich wird man diese Stäbe – schon aus konstruktiven Gründen – im Fachwerk belassen, da sie nur bei fehlenden Knotenkräften Nullstäbe sind und außerdem zur Aufnahme des Eigengewichts und zur Übertragung von unvorhergesehenen Knotenkräften benötigt werden.)

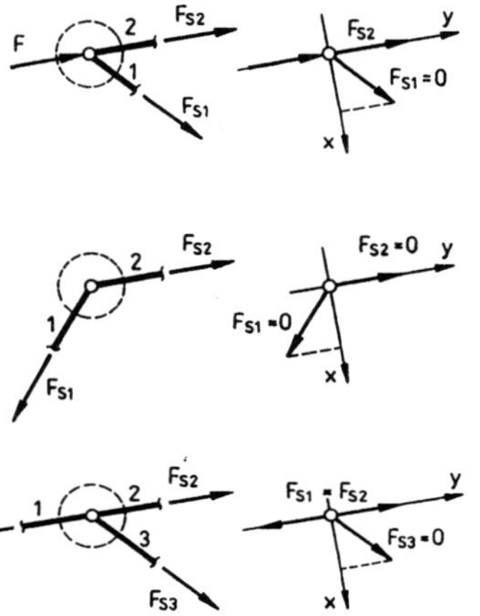

Abbildung 30: Nullstäbe

Das Rundschnittverfahren funktioniert bei den uns interessierenden Aufgaben immer, hat jedoch den Nachteil, dass man sehr viel rechnen muss, wenn die Kräfte nur in einigen wenigen Stäben gesucht sind. Hier hilft das von August Ritter (1826 – 1908) vorgeschlagene Verfahren, bei dem durch einen passend gewählten Schnitt – den Ritter-Schnitt – das Fachwerk „aufgeschnitten“ und in zwei Teile getrennt wird. Wir legen den Ritter-Schnitt so, dass

1. nur drei Stäbe geschnitten werden,
2. sich die drei Stabachsen nicht in einem Punkt schneiden und
3. nicht alle drei Stabachsen parallel sind (Abb. 31).

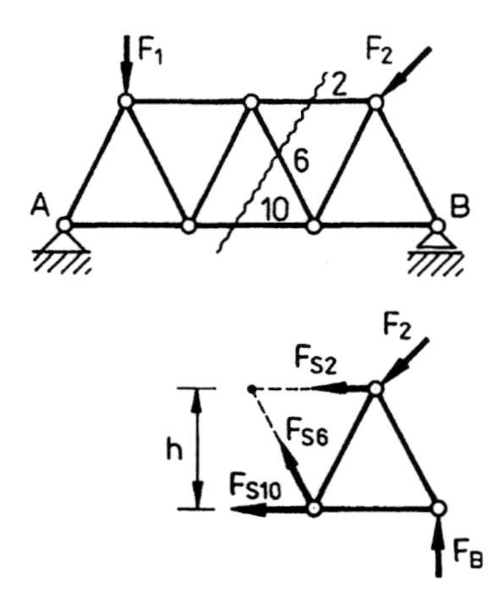

Abbildung 31: RITTER-Schnitt

Dann können die durch den RITTER-Schnitt im Fachwerk „sichtbar" gewordenen drei Stabkräfte aus drei Gleichgewichtsbedingungen an einem der beiden Fachwerkteile bestimmt werden. (Die Stützkräfte müssen bei dieser Methode natürlich vorher bekannt sein.) Zeichnet man die Stabkräfte als Zugkräfte („vom Knoten weg") in die Modellskizze ein, so erhält man die Ergebnisse gleich mit dem richtigen Vorzeichen: Ein positives Vorzeichen bestätigt die Zugkraft, ein negatives Vorzeichen weist die Stabkraft als Druckkraft aus. Als Gleichgewichtsbedingungen werden wir zweckmäßigerweise möglichst Momentenbedingungen wählen. Wir bestimmen als Bezugspunkt für die Drehmomente jeweils den Schnittpunkt der Stabachsen zweier Stäbe und erhalten die Kraft im dritten Stab sofort aus *einer* Gleichung (der Bezugspunkt muss nicht immer ein Knotenpunkt des Fachwerkes sein, er kann auch außerhalb des Fachwerkes liegen). Die bei dieser Berechnung nicht verwendeten Gleichgewichtsbedingungen aller äußeren Kräfte (also der eingeprägten Kräfte *und* der Stützkräfte) an jedem der beiden Fachwerkteile dienen wiederum zur Kontrolle der Resultate. (Denken Sie aber bitte immer daran, dass es an einem freigeschnittenen Fachwerkteil – ebenso wie am gesamten Fachwerk – immer *nur* 3 Gleichgewichtsbedingungen gibt. Alle anderen Gleichgewichtsbedingungen sind lediglich Linearkombinationen dieser drei.)

Weiterführende Stoffgebiete: Grafische Verfahren (MAXWELL-CREMONA-Plan), nichteinfache Fachwerke, räumliche Fachwerke.

7 Schnittkräfte und Schnittmomente

7.1 Definitionen und Annahmen

Bisher haben wir ebene Tragwerke und einfache Fachwerke als starr gegliederte Trägerverbindungen kennengelernt, die in der Lage sind, beliebig vorgegebene äußere eingeprägte Kräfte nach den Stützstellen oder Gelenken weiterzuleiten. Wir wollen nun untersuchen, wie diese Übertragung durch das Tragwerk hindurch nach den Stützpunkten erfolgt. Das ist auf einfache Weise nur möglich, wenn wir annehmen, dass die Tragwerkteile *starre* Stäbe (Beanspruchung ausschließlich in Richtung der Stabachse) oder *starre* Balken (Beanspruchung auch senkrecht zur Stabachse) sind, wobei man unter Stab oder Balken einen Körper versteht, dessen Längsabmessung l im Vergleich zum größten Querschnittsmaß b sehr groß ist ($l \gg b$).

Es ist ohne weiteres einzusehen, dass in jedem Querschnitt des Trägers flächenhaft verteilte Kräfte – die *Spannungen*

– wirken müssen, deren genaue Verteilung über den Trägerquerschnitt erst in der *Statik elastischer Körper* besprochen wird. Wir können aber die *resultierende* Kraftwirkung „sichtbar“ machen, wenn wir das Tragwerk an einer vorgegebenen Stelle aufschneiden und am linken und rechten *Schnittufer* die *Schnittkräfte* und das *Schnittmoment* in Richtung der positiven Koordinatenachsen einzeichnen (Abb. 32): Die *Längskraft* L oder auch *Normalkraft* L in Richtung der Stabachse, die *Querkraft* Q senkrecht zur Stabachse und das *Biegemoment* M um eine horizontale Achse durch den Querschnittsschwerpunkt. (In Abb. 32 sind die beiden Tragwerkteile der besseren Übersicht wegen voneinander getrennt gezeichnet.)

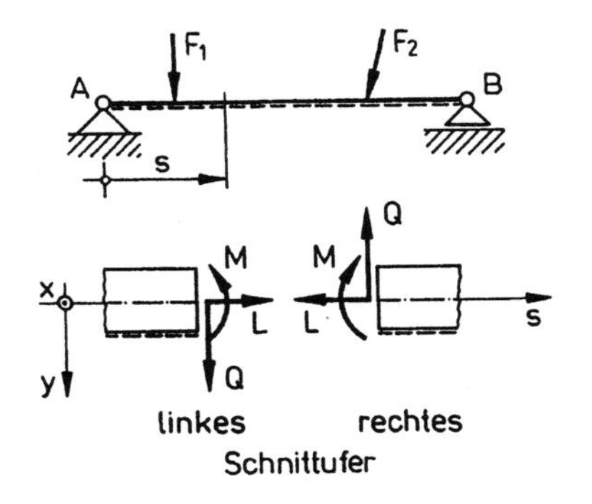

Abbildung 32: Schnittkräfte und Schnittmomente

Die *Schnittgrößen* an den Schnittufern sind natürlich nach dem Reaktionsaxiom entgegengesetzt gerichtet, da sie sich beim Zusammenfügen der Schnittufer wieder gegenseitig „aufheben“ müssen. Bezüglich des positiv anzunehmenden Richtungssinns der Schnittgrößen gibt es keine Freiheit wie bei Stütz- und Gelenkkräften: Da wir den positiven Richtungssinn bei einer Spannungsberechnung benötigen, müssen wir ihn bereits in diesem Abschnitt festlegen. Wir wählen ihn so wie in Abb. 32 eingezeichnet. Da dies bei senkrecht liegenden Balken nicht immer eindeutig möglich ist, kennzeichnet man die definierte Unterseite des Balkens durch eine gestrichelte Linie.

7.2 Schnittgrößenschaubilder

Nachdem wir für ein Tragwerk alle Stützkräfte, Stützmomente und Gelenkkräfte berechnet haben, gehen wir daran, die Schnittgrößen an jeder Stelle des Tragwerkes zu bestimmen. Dazu legen wir eine Koordinatenachse (z. B. eine s-Achse oder bei mehreren Trägerabschnitten auch s_1-, s_2-, ... Achsen) durch die Schwerpunkte aller Querschnittsflächen (Stabachse), schneiden den Balken an einer Stelle s auf und tragen die Schnittgrößen am linken und rechten Schnittufer mit den vereinbarten positiven Richtungen ein. Aus den drei Gleichgewichtsbedingungen entweder am linken oder auch rechten Tragwerkteil erhalten wir die Längskraft $L(s)$, die Querkraft $Q(s)$ und das Biegemoment $M(s)$, die anschließend in Diagrammen – den *Schnittgrößenschaubildern* – aufgezeichnet werden (Abb. 33). Es wird empfohlen, als Bezugspunkt für die Momente den Schnittpunkt der Wirkungslinien von Längs- und Querkraft am Schnittufer zu wählen, damit diese – sie könnten ja falsch berechnet worden sein – in die Gleichung nicht eingehen. Natürlich muss man auch für diese Diagramme passende Maßstäbe vorschreiben, da wir – wie wir bereits be-

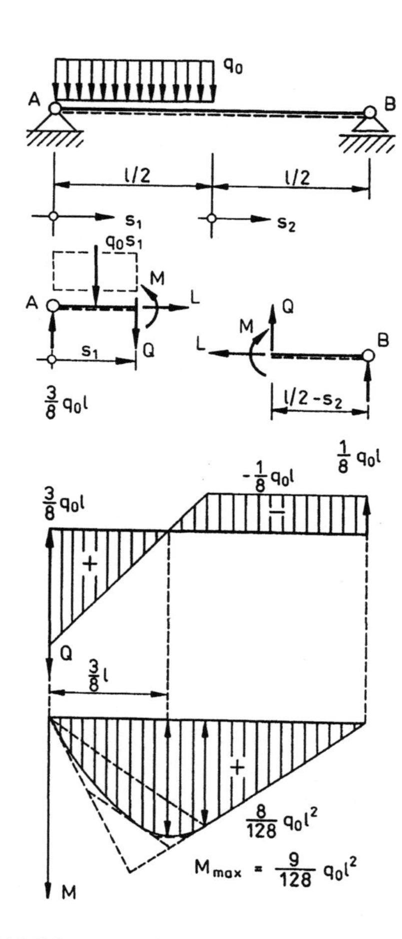

Abbildung 33: Schnittgrößenschaubilder

merkt hatten – Kräfte und Momente nicht zeichnen können. (Und um eine oft gestellte Frage zu beantworten: Die Schnittgrößenschaubilder benötigen wir in der Statik elastischer Körper bei Spannungs- und Durchbiegungsuntersuchungen.)

Da vor der Schnittgrößenberechnung alle Stützgrößen bestimmt wurden, kennen wir sämtliche am Tragwerk angrei-

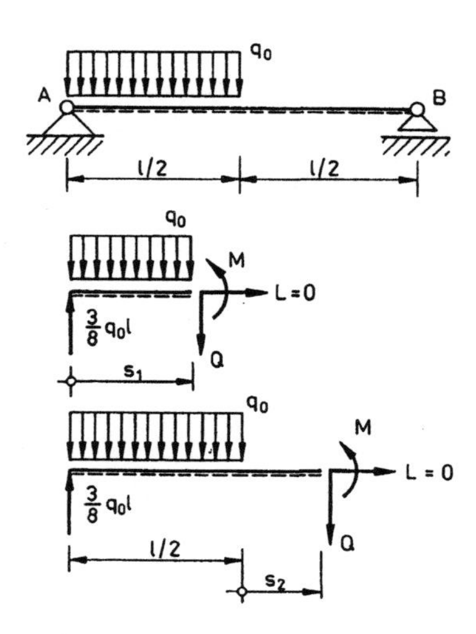

Abbildung 34: Schnittgrößen am Balken

fenden äußeren Kräfte und Momente (also die eingeprägten Kräfte und die Stützgrößen). Dann sind Längskraft, Querkraft und Biegemoment nichts anderes als die „Stützgrößen" eines Balkens, der an der Stelle s eingespannt ist (Abb. 34). Im Gegensatz zu den sonst üblichen Stützgrößenberechnungen sind aber in diesem Falle die positiven Richtungen der Stützgrößen nicht mehr frei wählbar, sondern sie liegen fest.

7.3 Differentialbeziehungen zwischen Belastungen und Schnittgrößen

Die Herleitung der Funktionen für die Schnittgrößen wird wesentlich erleichtert, wenn man die Belastung $p(s)$ analytisch beschreibt. (Liegen kompliziertere Belastungsfunktionen $p(s)$ vor, dann muss man die gesamte Trägerlänge in mehrere Abschnitte einteilen und für jeden Abschnitt ein gesondertes Koordinatensystem einführen.)

Bei geraden Balkenachsen gelten die Differentialbeziehungen ($p_L(s)$ ist eine Linienkraft längs der Stabachse):

$$\frac{\mathrm{d}L(s)}{\mathrm{d}s} = - \; p_L(s)\,,$$

$$\frac{\mathrm{d}Q(s)}{\mathrm{d}s} = - \; p_Q(s)\,,$$

$$\frac{\mathrm{d}M(s)}{\mathrm{d}s} = Q(s)$$

mit den Lösungen

$$L(s) = -\int p_L(s)\,\mathrm{d}s + c\,,$$

$$Q(s) = -\int p_Q(s)\,\mathrm{d}s + c_1\,,$$

$$M(s) = - \int [\int p_Q(s)\,\mathrm{d}s]\mathrm{d}s + c_1 s + c_2\,.$$

Die Integrationskonstanten c, c_1 und c_2 erhalten wir aus den *Randbedingungen*, da die Schnittgrößen an bestimmten Stellen des Trägers (das sind meistens die Ränder) bekannt sind. Der Abb. 35 können Sie einige solcher Randbedingungen am Rand $s = 0$ entnehmen (an einem anderen Rand, z. B. $s = l$, sind sie entsprechend hinzuschreiben).

Mitunter bereitet die Formulierung einer Randbedingung Schwierigkeiten, wenn an einem freien Balkenrand eine Einzelkraft F angreift. Schneidet man den Balken unmittelbar links von der Einzelkraft durch (Abb. 36) und zeichnet die Schnittgrößen ein (rechtes Schnittufer!), so folgt aus dem Gleichgewicht aller senkrechten Kräfte

$$Q(l) = F\,.$$

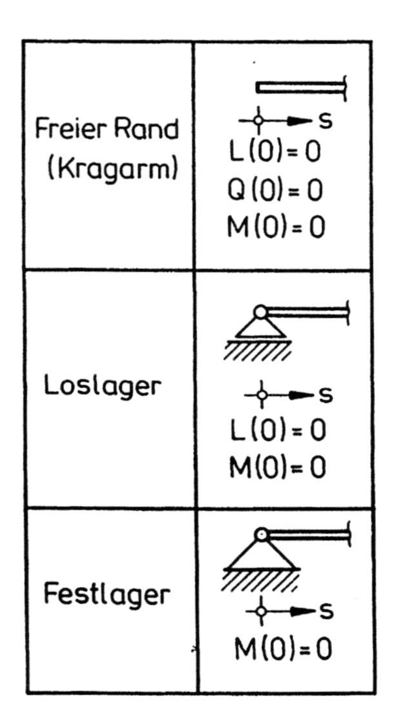

Abbildung 35: Randbedingungen

Auf eine wichtige Eigenschaft der vorstehenden Differentialbeziehungen zwischen Biegemoment, Querkraft und Belastung sei hingewiesen: Da der Differentialquotient (die Ableitung) der Querkraft gleich der (negativen) Belastungsfunktion ist, hat die Querkraftfunktion $Q(s)$ dort eine horizontale Tangente (Maximum oder Minimum), wo die Belastungsfunktion $p_Q(s)$ den Wert Null besitzt. Da der Differentialquotient (die Ableitung) des Biegemomentes gleich der Querkraftfunktion ist, hat die Biegemomentenfunktion $M(s)$ dort eine horizontale Tangente (Maximum oder Minimum), wo die Querkraftfunktion $Q(s)$ das Vorzeichen wechselt. Diese Eigenschaften der Schnittgrößenverläufe sind beim Zeichnen der

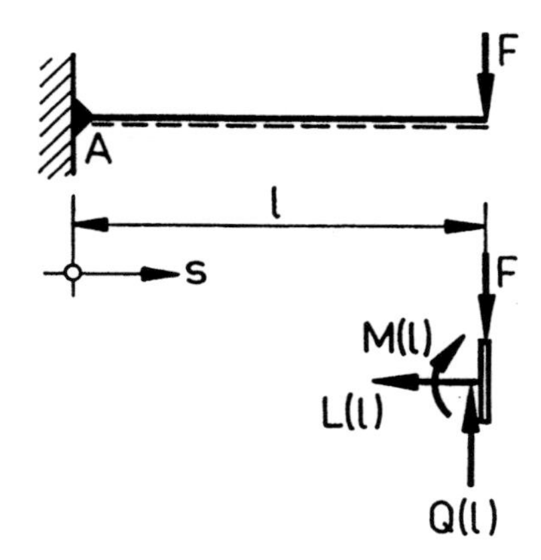

Abbildung 36: Randbedingungen für eine Einzelkraft

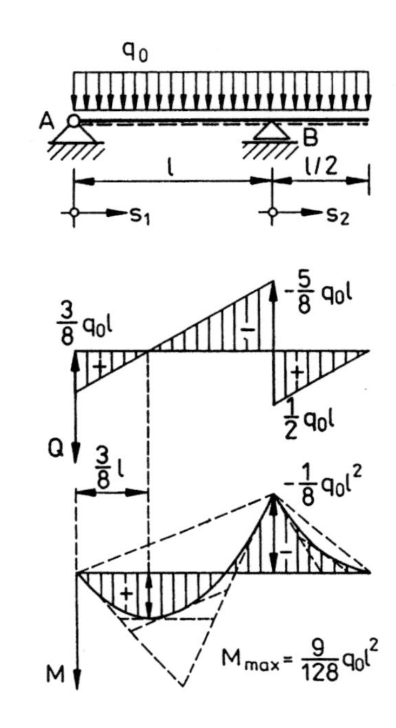

Abbildung 37: Balken mit Kragarm

Schaubilder und beim Auffinden der maximalen Biegemomente sehr nützlich und sollten bei fertigen Schaubildern stets überprüft werden.

In Abb. 37 finden Sie ein durchgerechnetes Beispiel für einen Balken mit Kragarm unter konstanter Linienkraftbelastung. Als ersten Schritt ermittelt man aus den drei Gleichgewichtsbedingungen am Gesamttragwerk die Stützkräfte:

$$F_{AH} = 0\,; \quad F_{AV} = \frac{3}{8}\,q_o l\,,$$

$$F_B = \frac{9}{8}\,q_o l\,.$$

Für die Herleitung der Schnittgrößenfunktionen müssen wir das Tragwerk in zwei Bereiche einteilen:

$0 \le s_1 \le l$:

$$Q(s_1) = -\,q_o s_1 + c_1\,,$$

$$M(s_1) = -\,q_o \frac{s_1^2}{2} + c_1 s_1 + c_2\,,$$

$$Q(s_1 = 0) = F_{AV} = \frac{3}{8}\,q_o l = c_1$$

$$\rightarrow c_1 = \frac{3}{8}\,q_o l\,,$$

$$M(s_1 = 0) = 0 = c_2\,,$$

$$Q(s_1) = -\,q_o s_1 + \frac{3}{8}\,q_o l = \frac{q_o l}{8}(3 - 8\,\frac{s_1}{l})\,,$$

$$M(s_1) = -\,q_o \frac{s_1^2}{2} + \frac{3}{8}\,q_o l\, s_1 = \frac{q_o l^2}{8}(3\,\frac{s_1}{l} - 4\,\frac{s_1^2}{l^2})\,,$$

$$Q(s_1 = \bar{s}_1) = 0 = \frac{q_o l}{8}(3 - 8\,\frac{\bar{s}_1}{l})$$

$$\rightarrow \bar{s}_1 = \frac{3}{8}\,l\,,$$

$$M(s_1 = \bar{s}_1) = M_{\max} = \frac{9}{128}\,q_o l^2\,;$$

$$0 \leq s_2 \leq \frac{l}{2}:$$

$$Q(s_2) = -\,q_o s_2 + c_3\,,$$

$$M(s_2) = -\,q_o \frac{s_2^2}{2} + c_3 s_2 + c_4\,,$$

$$M(s_2 = 0) = M(s_1 = l)$$

$$\rightarrow c_4 = -\,\frac{q_o l^2}{8}\,,$$

$$Q(s_2 = \frac{l}{2}) = 0 = -\,q_o\,\frac{l}{2} + c_3$$

$$\rightarrow c_3 = \frac{1}{2}\,q_o l\,,$$

$$Q(s_2) = -\,q_o s_2 + \frac{1}{2}\,q_o l$$

$$= \frac{q_o l}{2}(1 - 2\,\frac{s_2}{l})\,,$$

$$M(s_2) = -\,q_o \frac{s_2^2}{2} + \frac{1}{2}\,q_o l\,s_2 - \frac{1}{8}\,q_o l^2$$

$$= -\,\frac{q_o l^2}{8}(1 - 4\,\frac{s_2}{l} + 4\,\frac{s_2^2}{l^2})\,,$$

$$Q(s_2 = \bar{s}_2) = 0 = \frac{q_o l}{2}(1 - 2\,\frac{\bar{s}_2}{l})$$

$$\rightarrow \bar{s}_2 = \frac{1}{2}\,l\,,$$

$$M(s_2 = \bar{s}_2) = 0\,.$$

Für die Darstellung bzw. Kontrolle des Querkraftschaubildes sei auf ein sehr nützliches „Schnellverfahren“ hingewiesen (vgl. Abb. 33 und 37): Sie beginnen am rechten Trägerende und tragen – entgegen der positiven Koordinatenrichtung s fortschreitend – nacheinander alle vertikalen Belastungs- und Stützkräfte an (konstante Linienkräfte ergeben eine schräge Linie, Einzelkräfte einen Sprung). Wenn alle Stützkräfte richtig berechnet worden sind, muss die Querkraftlinie am linken Ende des Tragwerkes auf Null zurückgehen.

Weiterführende Stoffgebiete: Schnittgrößen an gekrümmten Balken und an räumlichen Tragwerken, grafische Verfahren.

8 Bewegungswiderstände

8.1 Definitionen und Annahmen

Bei der Bewegung eines Körpers treten erfahrungsgemäß neben den vorgeschriebenen eingeprägten Kräften zusätzliche Kräfte auf, die den Bewegungszustand des Körpers merklich beeinflussen und unter dem Begriff *Bewegungswiderstände* oder auch *Reibungskräfte* zusammengefasst werden. Diese Widerstandskräfte wirken zum Beispiel zwischen einem sich bewegenden starren Körper und seiner Umgebung oder sie verhindern bzw. hemmen die relative Bewegung zwischen zwei starren Körpern, die sich in einer ebenen Fläche berühren. (Dabei ist *eben* natürlich nicht „*mikroskopisch*“ gemeint, denn gerade durch das „Verhaken“ der Körper in den mikroskopisch kleinen Unebenheiten der Berührungsfläche findet Reibung überhaupt erst statt.)

Über die Verteilung der Reibungskräfte in der Berührungsfläche können wir nichts aussagen, aber die resultierende Kraft lässt sich durch ein *Reibungsgesetz* beschreiben (Abb. 38).

Dabei müssen wir zwischen zwei Möglichkeiten unterscheiden:

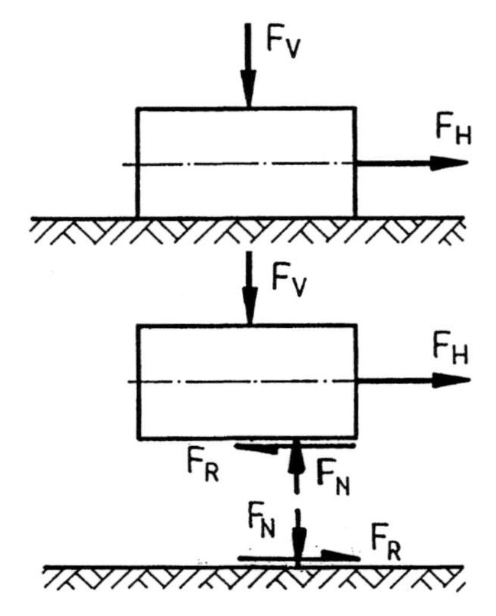

Abbildung 38: Reibung zwischen festen Körpern

1. Wächst die am Körper angreifende horizontale eingeprägte Kraftkomponente F_H von Null an, so wird sich der Körper zunächst *nicht* relativ zu seiner Unterlage bewegen. Es besteht immer Gleichgewicht zwischen der horizontalen eingeprägten Kraft F_H und der *Reaktionskraft* F_{RH}, die somit auch von Null an wächst und eine Stützkraft ist. Die eingeprägte Kraft F_H und die Stützkraft F_{RH} sind *äußere* Kräfte. Wir nennen diesen Zustand *Haftung*. Zwischen Körper und Unterlage ist keine Relativbewegung vorhanden. Die Haftung hört auf, wenn die *Haftungskraft* eine maximal mögliche Größe $F_{RH\max}$ erreicht.

2. Wächst die am Körper angreifende horizontale eingeprägte Kraftkomponente F_H noch weiter an, so wird der Körper aus der Ruhelage heraus beschleunigt. Er wird sich in Bewegung setzen, da kein Gleichgewicht mit der jetzt *konstanten* Reibungskraft F_{RG}, einer eingeprägten äußeren Kraft, mehr herzustellen ist. Man bezeichnet diesen Zustand als *Gleitung*. Zwischen Körper und Unterlage tritt eine Relativbewegung auf.

8.2 Haftung und Gleitung

Die bei einer Haftung maximal mögliche Haftungskraft $F_{RH\max}$ ist der Normalkraft F_N zwischen den sich berührenden starren Körpern proportional, aber von der Größe der Berührungsfläche unabhängig. Mit dem Proportionalitätsfaktor μ_o (der *Haftreibungszahl* oder auch dem *Haftreibungskoeffizienten*) lautet die auf CHARLES AUGUSTE DE COULOMB (1736 – 1806) zurückgehende *Grenzbedingung*

$$\boxed{F_{RH\max} = \mu_o F_N\,.}$$

Bei Gleitung gilt das COULOMBsche Reibungsgesetz, nur ist die *Gleitreibungszahl* oder auch der *Gleitreibungskoeffizient* μ kleiner als die Haftreibungszahl (siehe Tabelle 1). Man schreibt

$$\boxed{F_{RG} = \mu\, F_N \qquad \text{mit} \qquad \mu < \mu_o\,.}$$

Dass die Gleitreibungszahl μ kleiner als die Haftreibungszahl μ_o ist, merken Sie zum Beispiel beim Ziehen eines Schlittens: Ist zunächst einmal der „Anfangsruck“ (Haftung) überwunden, lässt sich der Schlitten leichter bewegen (Gleitung). Ähnliches gilt beim Lösen einer Schraubverbindung.

Werkstoffpaarung	μ_o	μ
Stahl auf Stahl (trocken)	0,15	0,10
Stahl auf Stahl (geschmiert)	0,10	0,05
Gummi auf Beton	0,80	0,50
Stahl auf Eis	0,027	0,014
Holz auf Holz	0,50	0,30
Ski auf Schnee	0,2	0,04

Tabelle 1: Reibungskoeffizienten

Bitte merken Sie sich: Eine Reibungskraft ist *immer* entgegengesetzt der Bewegungsrichtung einzutragen. Wenn man diese nicht kennt (z. B. bei Haftreibung, wo die Bewegungsrichtung nur eine „mögliche“ ist), muss man Varianten durchrechnen.
Einheit des Haftreibungskoeffizienten, Gleitreibungskoeffizienten:
$[\mu_o] = [\mu] = 1$.

8.3 Seilreibung

Aus der Erfahrung wissen wir, dass man eine an einem Seil befestigte Last leichter hinablassen kann, wenn man das Seil einmal oder auch mehrmals um einen Zylinder schlingt. Die Ursache dafür ist die zwischen Seil und Zylinder auftretende *Seilreibung*, die man nach Trennung von Seil und Zylinder als Linienkraft „sichtbar“ machen kann. Auch hier müssen wir zwischen Haftung (μ_o) und Gleitung ($\mu < \mu_o$) unterscheiden. Beim „Hinaufziehen“ wird die Kraft F_2 größer als die Kraft F_1 sein, während es beim „Hinablassen“ genau umgekehrt ist (Abb. 39). Mit dem *Umschlingungswinkel* α bestehen nach LEONHARD EULER (1707 - 1783) die Zusammenhänge

Haftung:

für Hinaufziehen $\quad F_2 = F_1 e^{\mu_o \alpha}$,

für Hinablassen $\quad F_2 = F_1 e^{-\mu_o \alpha}$;

Gleitung:

für Hinaufziehen $\quad F_2 = F_1 e^{\mu \alpha}$,

für Hinablassen $\quad F_2 = F_1 e^{-\mu \alpha}$.

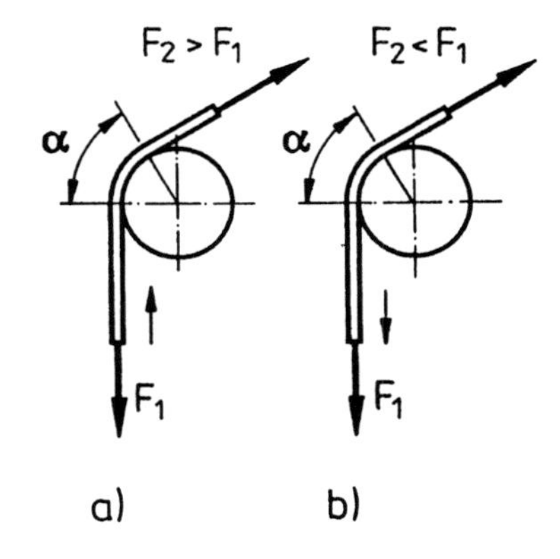

Abbildung 39: a) Hinaufziehen; b) Hinablassen

Natürlich gelten diese Beziehungen auch, wenn das Seil arretiert ist und der Zylinder sich unter dem Seil hinwegdreht (Bandbremse) oder hinwegdrehen will. Zwischen Seil und Zylinder wirkt eine

Linienkraft als Reibungskraft, und immer die Seilkraft ist die größere, die der am Seil angreifenden Linienkraft und der Kraft am anderen Ende des Seiles das Gleichgewicht halten muss.

Weiterführende Stoffgebiete: Reibungskegel, Keilnut, schiefe Ebene, Schraubenreibung, Tragzapfen, Rollreibung.

9 Seilkurven

9.1 Definitionen und Annahmen

Tragwerke, die trotz einer Belastung quer zur Schwereachse nur Längskräfte übertragen können, fassen wir unter dem Begriff *Seilkurven* zusammen. Dazu gehören Ketten, Kabel, Seile, Fäden usw. Hängen die Seilkurven durch (Abb. 40), so wirken in ihnen ausnahmslos *Zugkräfte*. In *ebenen Bogenträgern* treten nur *Druckkräfte* als Längskräfte auf. Die Gleichgewichtslage eines solchen Bogenträgers heißt *Stützlinie* (Abb. 40).

Wir setzen voraus, dass die Belastung p der biegeschlaffen Tragwerke in einem kartesischen x, y-System nur in Richtung der y-Achse erfolgt (Abb. 41). Dabei muss unterschieden werden, ob die Belastung als Funktion der Koordinate x oder als Funktion der Bogenlänge s angenommen werden darf.

9.2 Schwach gekrümmte Seilkurven

Die Gleichgewichtslage des schwach gekrümmten Tragwerkes ist durch eine konstante horizontale Komponente der Längskraft

$$F_{Sx} = H = \text{konst.}$$

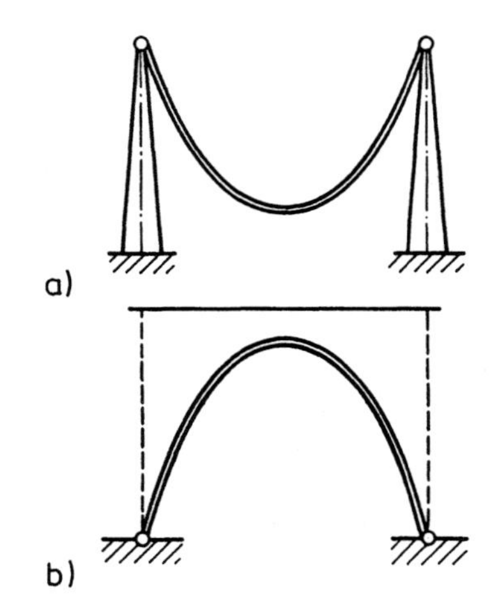

Abbildung 40: a) Hängendes Seil; b) Stützlinie

und die Differentialbeziehung

$$\boxed{H y''(x) = -p_y(x)}$$

mit der Lösung

$$\begin{aligned} y(x) &= -\frac{1}{H}\int [\int p_y(x)\,\mathrm{d}x]\mathrm{d}x + \\ &\quad + c_1 x + c_2\,, \\ F_S(x) &= H\sqrt{1 + y'(x)^2} \end{aligned}$$

bestimmt. Die Größe der bei der Integration entstehenden Konstanten c_1, c_2 und die Horizontalkomponente H erhalten wir aus den Randbedingungen, wobei wir – da drei Konstanten vorliegen – neben den zwei Randlagen des Tragwerkes auch noch eine weitere Größe (den größten Durchhang f oder die Kraft H selbst) vorschreiben dürfen.

Zunächst betrachten wir ein *schwach gekrümmtes* Tragwerk. Dann ist es gerechtfertigt, die Belastung auf die Horizontale zu beziehen, und es folgt für

$$p_y(x) = p_o = \text{konst.}$$

die Lösung für die Seilkurve in Abb. 41 mit den Randbedingungen

$$\begin{aligned} y(x=0) &= 0\,, \\ y(x=l) &= 0\,, \\ y(x=l/2) &= f \end{aligned}$$

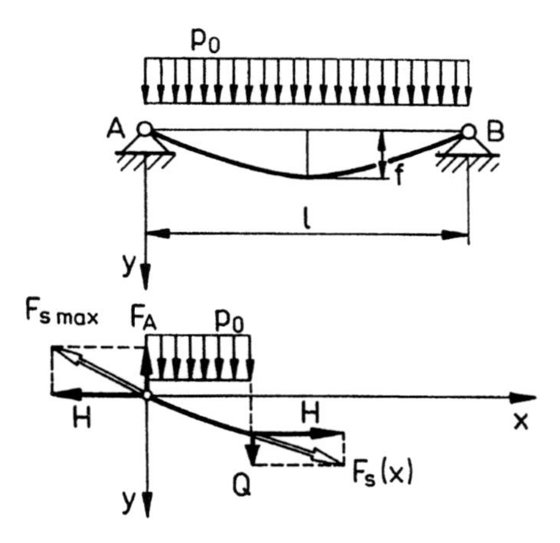

Abbildung 41: Seilkurve für ein schwach gekrümmtes Tragwerk

zu

$$\begin{aligned} y(x) &= \frac{p_o l^2}{2\,H}\left(\frac{x}{l} - \frac{x^2}{l^2}\right), \\ H &= \frac{p_o l^2}{8\,f}\,. \end{aligned}$$

Ist die Horizontalkomponente H positiv, so erhalten wir für $p(x) > 0$ eine Seilkurve, während für negatives H eine Stützlinie entsteht.

9.3 Kettenlinien

Wenn die Seilkurve einen solch großen Durchhang aufweist, dass es nicht mehr gerechtfertigt ist, die Belastung (z. B. das Eigengewicht) auf die Horizontale zu beziehen, wird die Lösung des Problems komplizierter.

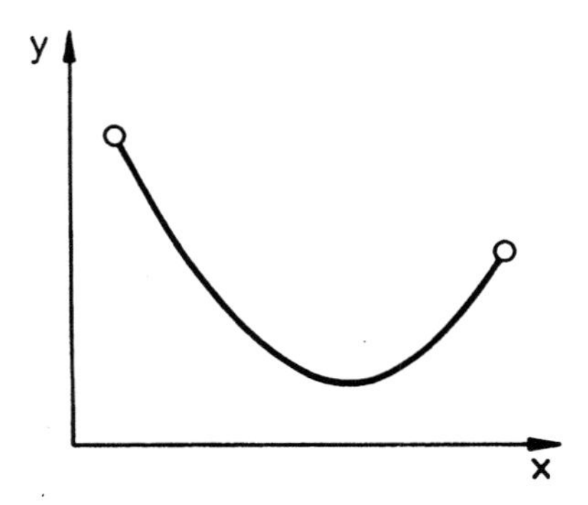

Abbildung 42: Kettenlinie

Für eine Linienkraft

$$p_y(s) = q_o = \text{konst.}$$

bestimmt man die Gleichgewichtslage zu

$$y(x) = y_o - \frac{H}{q_o}\cosh\frac{q_o}{H}(x - x_o)\,,$$

wobei die Werte der Konstanten y_o, x_o und H wiederum aus Randbedingungen berechnet werden müssen (vgl. Abb. 42). Die Gleichgewichtslage eines Seiles mit konstantem Gewicht bezeichnet man als *Kettenlinie*.

Die in vorstehender Gleichung auftretende Funktion cosh (cosinus hyperbolicus) ist eine sogenannte *Hyperbelfunktion*. Ihr Verlauf stimmt mit der Form der Kettenlinie überein.

Statik elastischer Körper

10 Aufgaben der Statik elastischer Körper

Die *Statik elastischer Körper* als Teilgebiet der *Festigkeitslehre* hat die Aufgabe, Grundlagen für eine Vorausberechnung der Abmessungen von vielen technischen Konstruktionen oder auch Bauelementen zu schaffen, um einerseits unzulässige *Deformationen* (*Formänderungen*) und andererseits zu große *Spannungen* (oder gar einen *Bruch*) der Bauelemente zu vermeiden. Diese Vorausberechnung der Abmessungen vor Anfertigung des Bauteils bezeichnen wir als *Bemessung* oder auch als *Dimensionierung*. Wird dagegen ein bestimmtes Bauteil durch vorgegebene Kräfte bzw. Momente beansprucht, und es wird gefragt, ob das Bauteil diese Belastung übertragen kann, ohne *zulässige Spannungen* zu überschreiten oder gar zerstört zu werden, so nennt man das einen *Spannungsnachweis*.

Es leuchtet ein, dass wir in der Statik elastischer Körper von der Annahme starrer Körper abgehen müssen, wenn wir *Deformationen* bestimmen wollen, die schließlich Ursache der Spannungen sind. (Ansonsten gelten die Gesetze und Regeln der Statik starrer Körper auch in der Statik elastischer Körper.) Wir wollen auch vereinfachend voraussetzen, dass wir es mit *idealen homogenen* und *isotropen* Körpern zu tun haben: Ein Körper ist *homogen*, wenn er überall aus gleichem *Werkstoff* besteht, und er ist *isotrop*, wenn seine Werkstoffeigenschaften in allen Punkten nicht von der Richtung abhängen. Aber Bauteile werden aus *realen* Werkstoffen (Metall, Holz, Kunststoff u. a.) gefertigt, die durchaus nicht *vollkommen* homogen und isotrop sind, so dass unsere Voraussetzungen natürlich nur Modellcharakter haben, und wir niemals erwarten dürfen, dass unsere Rechenergebnisse mit den tatsächlich auftretenden Werten *exakt* übereinstimmen. (Weshalb es auch sinnlos und nicht ingenieurgemäß ist, zum Beispiel Ergebnisse mit sechs Stellen „hinter dem Komma“ hinzuschreiben.) Wir sehen also, dass der *Werkstoff* eines Körpers in der Statik elastischer Körper eine ganz entscheidende Rolle spielt, können aber aus Platzgründen auf Erkenntnisse, Probleme und Methoden der *Werkstoffkunde* nicht eingehen.

So sind es zwei fundamentale Begriffe, die in der *Statik elastischer Körper* von August Louis Cauchy (1789 – 1857) eingeführt wurden: Der *Deformationszustand* und der *Spannungszustand*.

Der Deformationszustand eines Körpers wird sowohl durch *Längenänderungen* Δl, welche die Abstände jeweils zweier Körperpunkte erfahren, als auch durch *Winkeländerungen* γ, die rechtwinklig zueinander liegende Streckenpaare aufweisen, eindeutig analytisch beschrieben.

Der Spannungszustand eines Körpers wird durch die *normalen* und die *tangentialen* Flächenkräfte (die *Normal-* und *Tangentialspannungen*) gekennzeichnet, die in beliebig angeordneten Schnittflächen von einem Körperteil auf den anderen übertragen werden.

Die Lösung eines Festigkeitsproblems wird demzufolge darin bestehen, den Spannungszustand und den Deformationszustand (Verschiebungszustand) des belasteten Bauelementes zu ermitteln.

11 Beanspruchungsarten

Die in der Technik vorkommenden Beanspruchungsarten von Bauteilen lassen sich auf einige Grundfälle zurückführen, die ganz bestimmte Spannungszustände hervorrufen (Abb. 43).

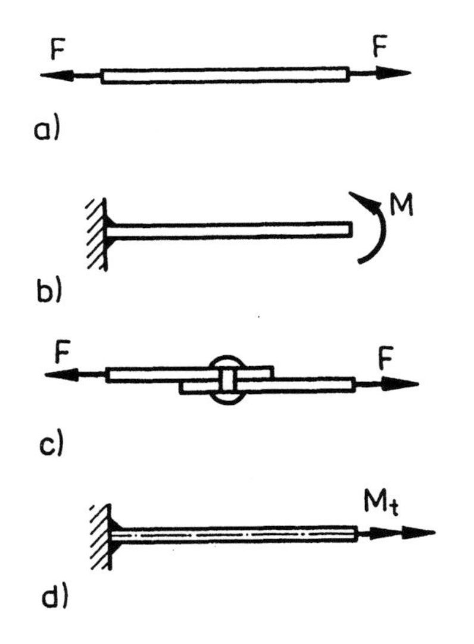

Abbildung 43: Beanspruchungsarten:
a) Zugbeanspruchung,
b) Biegebeanspruchung,
c) Schubbeanspruchung,
d) Torsionsbeanspruchung

Bereits bei der statischen Untersuchung der Fachwerke hatten wir Stäbe kennengelernt, in denen nur Längskräfte (Zug- oder Druckkräfte) auftreten. Die Folge dieser *Zug-/Druckbeanspruchung* (Abb. 43 a) sind konstant über den Querschnitt des Zug-/Druckstabes verteilte *Zug-/Druckspannungen*. Wird das Tragwerk durch Biegemomente belastet, so erhalten wir einen Balken oder *Biegeträger*. Bei dieser *Biegebeanspruchung* (Abb. 43 b) sind ungleichmäßig über den Querschnitt verteilte Normalspannungen vorhanden. In Nietverbindungen oder auch beim Abscheren eines Bleches in einer Stanze haben wir es mit einer *Schubbeanspruchung* (Abb. 43 c) zu tun, die ebenso wie eine *Torsionsbeanspruchung* (Abb. 43 d) *Schubspannungen* in dem Tragwerk hervorruft.

12 Zugbeanspruchung

12.1 Spannungen

In der Statik starrer Körper hatten wir festgestellt, dass die äußeren Kraftgrößen – also die eingeprägten Kräfte und Momente zusammen mit den Stützkräften und Stützmomenten – an jeder Stelle im Inneren des Körpers Schnittkräfte und Schnittmomente hervorrufen, die wir durch einen Schnitt „sichtbar" machen. In jedem Teil $\mathrm{d}A$ der Schnittfläche A wird demnach von einem Körper auf den anderen wechselseitig eine Kraft $\mathrm{d}\boldsymbol{F}$ übertragen. Diese stetig über die Schnittfläche verteilten *inneren Kräfte* sind also Flächenkräfte und werden – da $\mathrm{d}\boldsymbol{F}$ ein Vektor ist – als *Spannungsvektoren* bezeichnet (Abb. 44).

Unter einem Spannungsvektor versteht man den Quotienten aus einer Schnittkraft $\mathrm{d}\boldsymbol{F}$ *und der zugehörigen Schnittfläche* $\mathrm{d}A$.

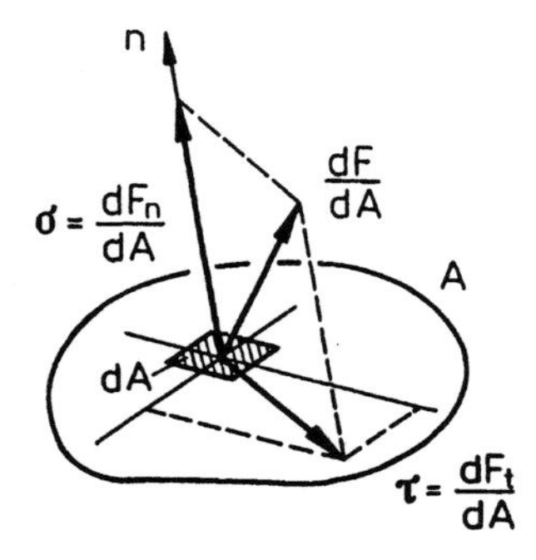

Abbildung 44: Spannungsvektor

Der Spannungsvektor liegt demnach in Richtung der Kraft d$\boldsymbol{F}$ und wurde 1822 von AUGUSTIN LOUIS CAUCHY in die Festigkeitslehre eingeführt. Die auf die Flächennormale von dA projizierte Komponente des Spannungsvektors heißt Normalspannung oder *Längsspannung*

$$\sigma = \frac{\mathrm{d}F_n}{\mathrm{d}A},$$

während die in der Fläche liegende Komponente des Spannungsvektors Tangentialspannung oder auch *Schubspannung*

$$\tau = \frac{\mathrm{d}F_t}{\mathrm{d}A}$$

genannt wird.

Obgleich wir bei der Berechnung von Deformationen keinen starren Körper mehr voraussetzen dürfen, wollen wir vereinbaren, die in einem Körper wirkenden Spannungen auf die *undeformierte* Fläche zu beziehen. Es sei daran erinnert, dass wir bei der Aufstellung von Gleichgewichtsbedingungen in der Statik starrer Körper auch immer den undeformierten Zustand zugrunde gelegt hatten. In diesem Sinne spricht man von einer *Theorie erster Ordnung*. Sie hat den großen Vorteil, dass bei ihrer Anwendung das Superpositionsprinzip (vgl. Abschnitt 3) gilt, welches wir bei der Ermittlung von Stützgrößen bereits kennengelernt hatten. (In der *Theorie zweiter Ordnung* werden bei den Gleichgewichtsbedingungen und der Spannungsberechnung *kleine* Deformationen berücksichtigt und schließlich in der *Theorie dritter Ordnung* auch *große* Deformationen.)

Einheit der Spannung:
$[\sigma] = 1\ \mathrm{N/m^2}$.

12.2 Dehnungen

Lässt man an einem prismatischen Stab von der Länge l eine Kraft F in Längsrichtung angreifen, dann wird er sich um ein Stück Δl verlängern. Den Quotienten

$$\varepsilon = \frac{\Delta l}{l}$$

bezeichnet man als *Längsdehnung*.

Es leuchtet ein, dass diese Längsdehnung auch eine *Querdehnung*

$$\varepsilon_q = \frac{\Delta d}{d}$$

zur Folge haben muss, wobei d eine (charakteristische) Abmessung des Stabquerschnittes (zum Beispiel der Durchmesser eines Kreisquerschnittes) ist. Längsdehnung und Querdehnung stehen in einem materialbedingten Verhältnis zueinander. Wir werden im nächsten Abschnitt darauf eingehen.

Einheit der Dehnung:
$[\varepsilon] = 1$.

12.3 Elastizitätsgesetz

Um für einen Werkstoff den Zusammenhang zwischen der Normalspannung und der Längsdehnung zu untersuchen, wird ein *Zugversuch* an einem zylindrischen Probestab mit der Querschnittsfläche A (Abb. 45) durchgeführt. Innerhalb der Messstrecke von der Länge l herrscht ein *Normalspannungszustand* mit einer konstanten Normalspannungsverteilung $\sigma = F/A$. Infolge der Längs-

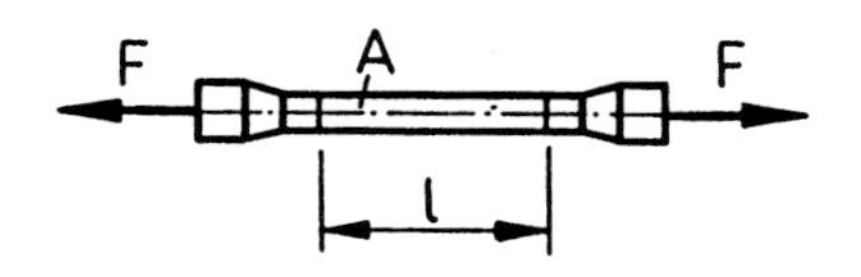

Abbildung 45: Probestab

beanspruchung wird sich die Messstrecke um das Stück Δl verlängern. Untersucht man die gegenseitige Abhängigkeit zwischen Normalspannung σ und Längsdehnung $\varepsilon = \Delta l/l$ in einem *Spannungs-Dehnungs-Diagramm* (Abb. 46), so findet man einige charakteristische Punkte.

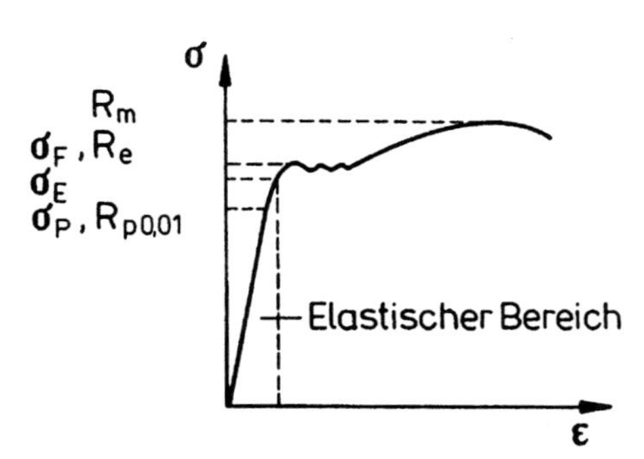

Abbildung 46: Spannungs-Dehnungs-Diagramm

$\sigma_P = R_{p0,01}$: *Proportionalitätsgrenze*, 0,01%-*Dehngrenze*

Bis dahin gilt ein annähernd linearer Zusammenhang zwischen σ und ε. Bei einer Entlastung des Zugstabes geht die Längsdehnung auf Null (bzw. annähernd auf Null) zurück. Der Werkstoff verhält sich in diesem Bereich *elastisch* oder genauer *linear elastisch*. Da die Grenze zwischen linear und nichtlinear nicht exakt zu bestimmen ist (kleine Ungenauigkeiten werden je nach Material immer auftreten), hat man sich geeinigt, den „Proportionalitätspunkt" dorthin zu legen, wo die Abweichung von einer Geraden 0,01% beträgt: Bei einer Entlastung des Zugstabes bleibt eine *Restdehnung* von 0,01% zurück.

σ_E: *Elastizitätsgrenze*

Die Gerade im Spannungs-Dehnungs-Diagramm biegt bei weiterer Laststeigerung langsam ab, jedoch geht die zur Spannung σ_E gehörende Dehnung ε bei einer Entlastung des Zugstabes (innerhalb der erläuterten 0,01%-Dehngrenze) auf Null zurück.

$\sigma_F = R_e = \sigma_S$: *Fließgrenze*, *Streckgrenze*

Der Stab dehnt sich bei annähernd gleicher Normalspannung σ_F weiter. Man bezeichnet diese Erscheinung als *Fließen*. Durch die starke Verformung kommt es irgendwann wieder zum Blockieren dieser Bewegung (das Material *verfestigt* sich), und es können weitere Normalspannungen aufgebracht werden.

$R_m = \sigma_B$: *Zugfestigkeit, Bruchgrenze*

Der Stab erreicht seine größte aufnehmbare Normalspannung und geht dann bei weiterer Laststeigerung zu Bruch.

Der lineare Zusammenhang zwischen der Normalspannung und der Längsdehnung kommt in dem von ROBERT HOOKE (1635 – 1703) formulierten *Elastizitätsgesetz* (HOOKE*sches Gesetz*)

$$\sigma = E\,\varepsilon$$

zum Ausdruck. Den Proportionalitätsfaktor E bezeichnet man als *Elastizitätsmodul* oder kürzer als *E-Modul* (Werte für E: Siehe Tabelle 2, Seite 45).
(Die in manchen Lehrbüchern angegebene Beziehung $E = \tan\alpha$ ist falsch, da der Elastizitätsmodul E die Einheit $\mathrm{N/m^2}$ und der Tangens die Einheit 1 besitzen. Das wird nur richtig, wenn man im Spannungs-Dehnungs-Diagramm für Spannung und Dehnung – ebenso wie wir es in einem Kräfteplan getan hatten – Maßstäbe einführt.)

Analog zum Elastizitätsgesetz zwischen Normalspannung σ und Längsdehnung ε gibt es auch eine lineare Beziehung zwischen einer Schubspannung τ und der zugehörigen Winkeländerung γ:

$$\tau = G\,\gamma\,.$$

Die Materialkonstante G heißt *Schubelastizitätsmodul* oder auch *Gleitmodul* und steht mit dem Elastizitätsmodul E und der Querdehnungszahl ν (s. Seite 45) in dem Zusammenhang

$$G = \frac{E}{2(1+\nu)}\,.$$

Natürlich darf man einen Stab nicht bis zur Fließgrenze oder gar Bruchgrenze belasten. Man definiert – um auf der „sicheren Seite" zu bleiben – eine *zulässige Spannung* σ_{zul}, die je nach Belastungsart und Material unter Verwendung eines *Sicherheitsbeiwertes* S_F bzw. S_B aus der Fließgrenze bzw. Bruchgrenze gebildet wird:

$$\sigma_{\text{zul}} = \frac{\sigma_F}{S_F} \quad \text{für zähe Werkstoffe}$$

$$\sigma_{\text{zul}} = \frac{\sigma_B}{S_B} \quad \text{für spröde Werkstoffe}$$

S_F : Sicherheitsbeiwert gegen Fließen

S_B : Sicherheitsbeiwert gegen Bruch

So folgen z. B. für einen zähen Werkstoff mit
$\sigma_F = 240\,\mathrm{N/mm^2}$ und $S_F = 1,5$
für die zulässige Spannung
$\sigma_{\text{zul}} = 240/1,5 = 160\,\mathrm{N/mm^2}$
und für einen spröden Werkstoff mit
$\sigma_B = 380\,\mathrm{N/mm^2}$ und $S_B = 2,2$
für die zulässige Spannung
$\sigma_{\text{zul}} = 380/2,2 = 173\,\mathrm{N/mm^2}$.

Sie bemerken, dass wir in diesem für Längsspannungen in Stäben grundlegenden Abschnitt zunächst einmal nur von *Zug*kräften und demzufolge von *Zug*stäben und *Zug*spannungen gesprochen haben. Wird ein Stab dagegen durch eine *Druck*kraft zentrisch beansprucht, dann muss man damit rechnen, dass er bei einem bestimmten Wert dieser Kraft plötzlich seitlich ausweicht: Man sagt „er knickt aus". Wir werden uns in einem späteren Abschnitt der Statik elastischer Körper mit diesem im allgemeinen sehr gefährlichen Verhalten von Druckstäben beschäftigen.

Wie wir bereits im Abschnitt 12.2 festgestellt hatten, wird die Längskraft in dem Stab neben der Längsdehnung ε auch eine Querdehnung ε_q hervorrufen. Für elastisches Materialverhalten gilt mit der *Querdehnungszahl* ν (sie beträgt für Metalle im gewalzten oder geschmiedeten Zustand $0,25\ldots 0,35$) bzw. ihrem reziproken Wert $m = 1/\nu$ – der POISSONschen Konstanten (SIMÉON DÉNIS POISSON (1781 – 1840)) –

$$\varepsilon_q = -\nu\,\varepsilon = -\frac{1}{m}\,\varepsilon\,.$$

Schließlich wollen wir noch den Einfluss einer *Temperaturänderung* auf die Verlängerung des Stabes berücksichtigen. Wird dieser bei einer Ausgangstemperatur T_o um den Betrag

$$\Delta T = T - T_o$$

erwärmt, dann treten mit dem *thermischen Längenausdehnungskoeffizienten* α_l neben den elastischen Dehnungen ε_{el} und $\varepsilon_{q,el}$ noch eine temperaturbedingte Längsdehnung

$$\varepsilon_{th} = \alpha_l \Delta T$$

und eine in diesem Falle gleich große Querdehnung

$$\varepsilon_{q,th} = \alpha_l \Delta T$$

auf (Werte für α_l: Siehe Tabelle 2).

Damit sind die Gesamtdehnungen in Längs- und Querrichtung

$$\begin{aligned} \varepsilon &= \varepsilon_{el} + \varepsilon_{th} \\ &= \frac{\sigma}{E} + \alpha_l \Delta T\,, \\ \varepsilon_q &= \varepsilon_{q,el} + \varepsilon_{q,th} \\ &= -\nu\,\frac{\sigma}{E} + \alpha_l \Delta T\,. \end{aligned}$$

Werkstoff	E in N/mm^2	α_l in 1/K
Stahl	$2,1 \cdot 10^5$	$12 \cdot 10^{-6}$
Aluminium	$7,0 \cdot 10^5$	$23 \cdot 10^{-6}$
Kupfer	$1,2 \cdot 10^5$	$16 \cdot 10^{-6}$

Tabelle 2: Materialkonstanten

Einheit des thermischen Längenausdehnungskoeffizienten:
$[\alpha_l] = 1\ 1/\mathrm{K}$,
Einheit des Elastizitätsmoduls:
$[E] = 1\ \mathrm{N/m^2}$,
Einheit des Schubelastizitätsmoduls:
$[G] = 1\ \mathrm{N/m^2}$,
Einheit der Sicherheitsbeiwerte:
$[S_F]$, $[S_B] = 1$.

12.4 Spannungszustand

Wir betrachten einen geraden Stab mit konstanter Querschnittsfläche A, der an seinen Enden durch konstante Kräfte F in Richtung der Stabachse beansprucht wird. Unter der Voraussetzung, dass die Normalspannungen in jedem Querschnitt konstant über die Fläche A verteilt sind und der Ursprung eines in die Querschnittsfläche eingezeichneten x, y-Koordinatensytems im Schwerpunkt der Fläche liegt, tritt als Schnittkraft nur eine Längskraft L auf, während Querkraft und Biegemoment Null werden.

Die Spannung im Stab erhalten wir aus

$$\sigma = \frac{L}{A}\,.$$

Sie ist für eine positive Längskraft eine Zugspannung und für eine negative Längskraft eine Druckspannung.

Der *Spannungsnachweis* fordert dann für eine vorhandene Spannung σ_{vorh}

$$\boxed{\sigma_{\text{vorh}} = \frac{L}{A} \leq \sigma_{\text{zul}}\,,}$$

während sich bei einer *Bemessung* der notwendige Stabquerschnitt A_{erf} aus

$$\boxed{A_{\text{erf}} \geq \frac{L}{\sigma_{\text{zul}}}}$$

ergibt. (Es sei an dieser Stelle noch einmal ausdrücklich darauf hingewiesen, dass die vorstehenden Gleichungen nur für *Zug*stäbe ohne Einschränkung gelten. Bei *Druck*stäben sind zusätzliche Überlegungen durchzuführen, auf die wir später eingehen werden.)

12.5 Verschiebungszustand

Ein gerader elastischer Stab von der Länge l verlängert sich bei konstanter Längskraft L und einer Temperaturerhöhung ΔT um den Wert

$$\boxed{\Delta l = \varepsilon\, l = \frac{L\, l}{EA} + \alpha_l\, l \Delta T\,.}$$

Das Produkt EA wird als *Dehnsteifigkeit* bezeichnet. Es ist wichtig festzustellen, dass Temperaturänderungen bei einer zwangfreien Lagerung von Tragwerken zwar Verschiebungen, aber keine Spannungen hervorrufen. Spannungen treten nur bei „verhinderten Temperaturdehnungen“ auf.

Weiterführende Stoffgebiete: Zwei- und dreidimensionaler Spannungs- und Verzerrungszustand, veränderliche Längskraft, nichtelastisches Materialverhalten, dünnwandige Kreisringe, Formänderungsarbeit.

13 Biegebeanspruchung

13.1 Flächenmomente 2. Grades

Bei der Berechnung von Schwerpunkten hatten wir Integrale der Art

$$\int_{(A)} x\,\mathrm{d}A \;\; ; \;\; \int_{(A)} y\,\mathrm{d}A$$

kennengelernt, die man als *Flächenmomente 1. Grades* bezeichnet. Bei der Untersuchung der Biegebeanspruchung werden wir auch Ausdrücke der Art

$$\int_{(A)} x^2\,\mathrm{d}A \;\; ; \;\; \int_{(A)} y^2\,\mathrm{d}A \;\; ; \;\; -\int_{(A)} xy\,\mathrm{d}A$$

benötigen, die *Flächenmomente 2. Grades* heißen. Diese Integrale werden für eine gegebene Fläche in einem kartesischen x, y-Koordinatensystem gebildet (Abb. 47).

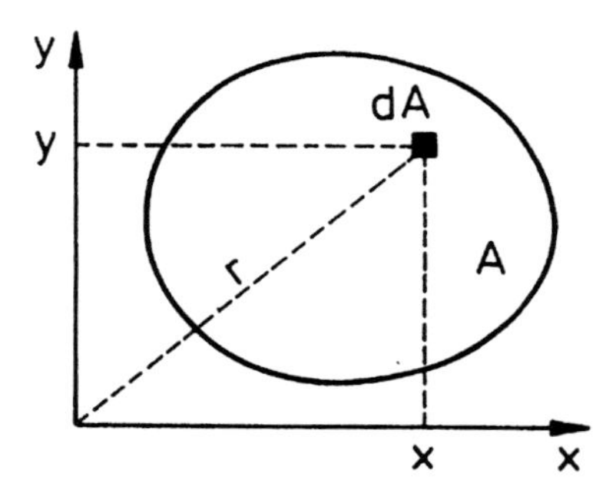

Abbildung 47: Fläche in einem x, y-Koordinatensystem

Mitunter sind auch die Namen *axiale Flächenträgheitsmomente* für die *axialen Flächenmomente 2. Grades*

$$\boxed{I_{xx} = \int_{(A)} y^2\,\mathrm{d}A \;\; ; \;\; I_{yy} = \int_{(A)} x^2\,\mathrm{d}A}$$

und *Deviationsmoment* oder *Zentrifugalmoment* für das *gemischte Flächenmoment 2. Grades*

$$I_{xy} = -\int_{(A)} xy \, \mathrm{d}A$$

in Gebrauch. (Das Minuszeichen beim gemischten Flächenmoment 2. Grades darf Sie nicht stören. Es steht deshalb, weil die Flächenmomente 2. Grades I_{xx}, I_{yy} und I_{xy} Elemente eines sogenannten *Trägheitstensors* sind und dieses Minuszeichen deshalb aus mathematischen Gründen erforderlich ist.)

Schließlich gibt es noch ein Flächenmoment 2. Grades der Form

$$I_p = \int_{(A)} r^2 \, \mathrm{d}A = I_{xx} + I_{yy} \, .$$

Man nennt es *polares Flächenmoment 2. Grades*. In der Tafel 1 finden Sie für einige einfache Flächen die Koordinaten des Schwerpunktes und die Flächenmomente 2. Grades zusammengestellt.

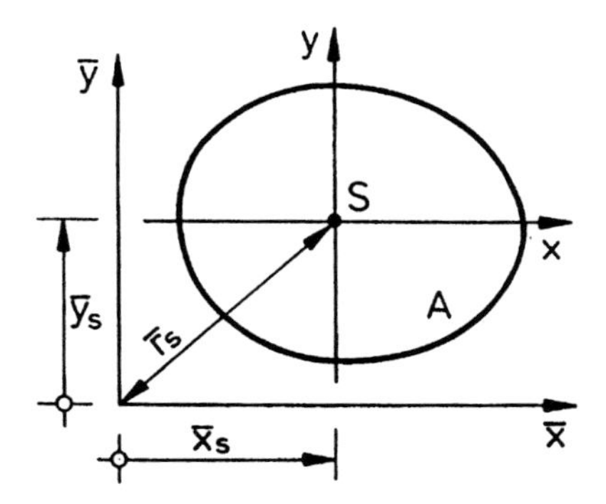

Abbildung 48: Parallele Koordinatensysteme

Zwischen den für ein beliebiges rechtwinkliges $\overline{x}, \overline{y}$-Koordinatensystem berechneten axialen, gemischten und polaren Flächenmomenten 2. Grades und den zugehörigen Flächenmomenten 2. Grades, die auf ein dazu paralleles x, y-Koordinatensystem mit dem Koordinatenursprung im Schwerpunkt bezogen sind (Abb. 48), gilt der *Satz von* STEINER (JACOB STEINER (1796 – 1863))

$$\begin{aligned} I_{xx} &= I_{\overline{xx}} - \overline{y}_S \overline{y}_S A \, , \\ I_{yy} &= I_{\overline{yy}} - \overline{x}_S \overline{x}_S A \, , \\ I_{xy} &= I_{\overline{xy}} + \overline{y}_S \overline{x}_S A \, , \\ I_p &= I_{\overline{p}} - \overline{r}_S^2 A \, . \end{aligned}$$

Dabei müssen Sie beachten, dass der Satz von STEINER nicht für *beliebige* parallele Koordinatensysteme verwendet werden darf. Es ist ausschließlich eine Transformation der Flächenmomente 2. Grades von einem x, y-Koordinatensystem im Schwerpunkt zu einem dazu parallelen $\overline{x}, \overline{y}$-Koordinatensystem (beziehungsweise auch umgekehrt) möglich.

Da die beiden axialen Flächenmomente 2. Grades, das polare Flächenmoment 2. Grades und die Terme $\overline{y}_S \overline{y}_S A$, $\overline{x}_S \overline{x}_S A$, $\overline{r}_S^2 A$ *nie* negativ werden, sind die axialen Flächenmomente 2. Grades und das polare Flächenmoment 2. Grades, welche auf ein x, y-Koordinatensystem bezogen werden, dessen Koordinatenursprung im Schwerpunkt der Fläche liegt, immer die kleinsten, die eine Querschnittsfläche aufweist. Das gemischte Flächenmoment 2. Grades dagegen kann bei einer Koor-

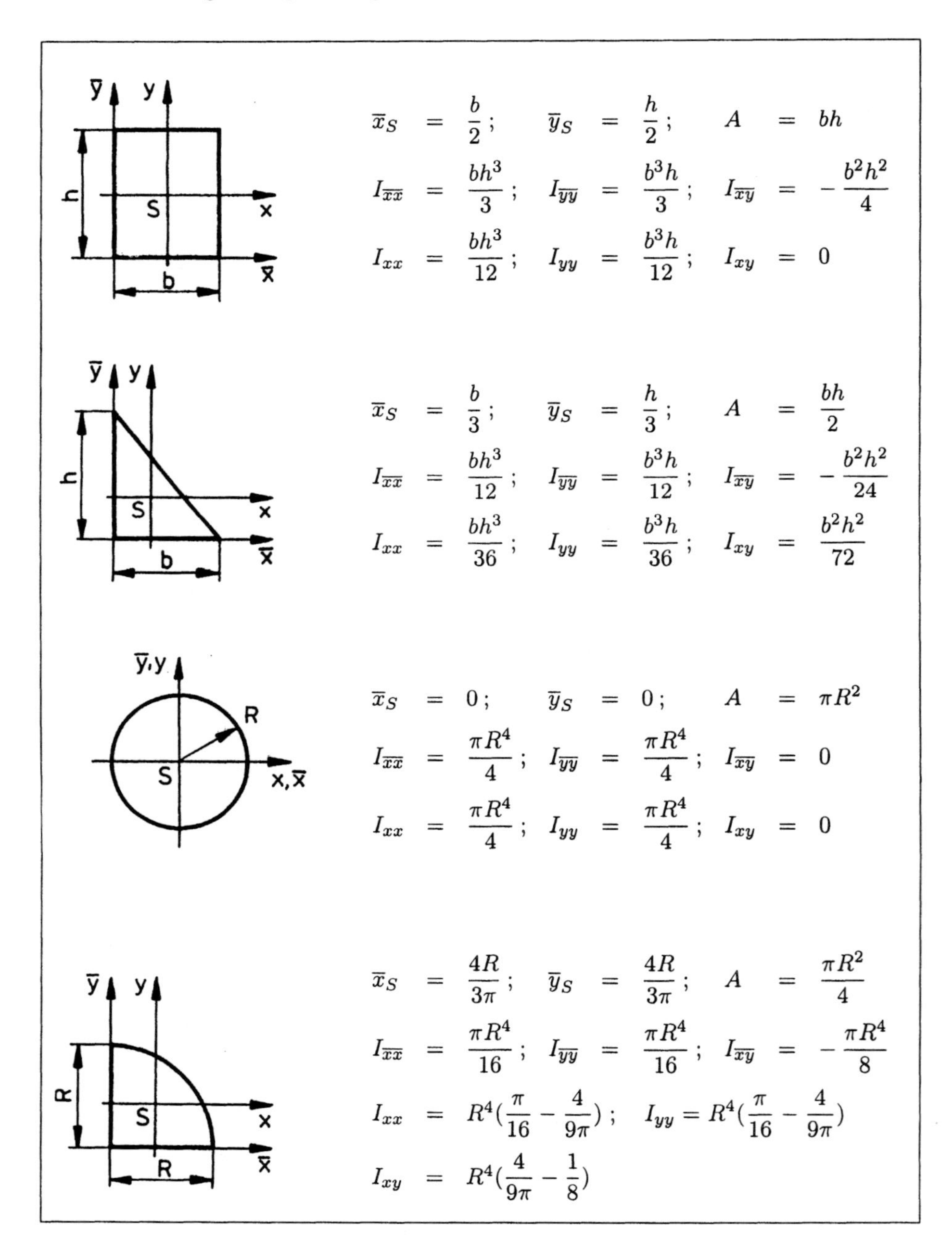

$$\overline{x}_S = \frac{b}{2}\,; \quad \overline{y}_S = \frac{h}{2}\,; \quad A = bh$$
$$I_{\overline{xx}} = \frac{bh^3}{3}\,; \quad I_{\overline{yy}} = \frac{b^3h}{3}\,; \quad I_{\overline{xy}} = -\frac{b^2h^2}{4}$$
$$I_{xx} = \frac{bh^3}{12}\,; \quad I_{yy} = \frac{b^3h}{12}\,; \quad I_{xy} = 0$$

$$\overline{x}_S = \frac{b}{3}\,; \quad \overline{y}_S = \frac{h}{3}\,; \quad A = \frac{bh}{2}$$
$$I_{\overline{xx}} = \frac{bh^3}{12}\,; \quad I_{\overline{yy}} = \frac{b^3h}{12}\,; \quad I_{\overline{xy}} = -\frac{b^2h^2}{24}$$
$$I_{xx} = \frac{bh^3}{36}\,; \quad I_{yy} = \frac{b^3h}{36}\,; \quad I_{xy} = \frac{b^2h^2}{72}$$

$$\overline{x}_S = 0\,; \quad \overline{y}_S = 0\,; \quad A = \pi R^2$$
$$I_{\overline{xx}} = \frac{\pi R^4}{4}\,; \quad I_{\overline{yy}} = \frac{\pi R^4}{4}\,; \quad I_{\overline{xy}} = 0$$
$$I_{xx} = \frac{\pi R^4}{4}\,; \quad I_{yy} = \frac{\pi R^4}{4}\,; \quad I_{xy} = 0$$

$$\overline{x}_S = \frac{4R}{3\pi}\,; \quad \overline{y}_S = \frac{4R}{3\pi}\,; \quad A = \frac{\pi R^2}{4}$$
$$I_{\overline{xx}} = \frac{\pi R^4}{16}\,; \quad I_{\overline{yy}} = \frac{\pi R^4}{16}\,; \quad I_{\overline{xy}} = -\frac{\pi R^4}{8}$$
$$I_{xx} = R^4\left(\frac{\pi}{16} - \frac{4}{9\pi}\right)\,; \quad I_{yy} = R^4\left(\frac{\pi}{16} - \frac{4}{9\pi}\right)$$
$$I_{xy} = R^4\left(\frac{4}{9\pi} - \frac{1}{8}\right)$$

Tafel 1: Schwerpunktkoordinaten und Flächenmomente 2. Grades

dinatensystem-Verschiebung „aus dem Schwerpunkt hinaus“ größer, kleiner oder auch Null werden. Für Querschnitte, die mindestens eine Symmetrieachse besitzen, ist das gemischte Flächenmoment 2. Grades *immer* Null, wenn als eine Koordinatenachse diese Symmetrieachse gewählt wird.

Der Satz von STEINER ermöglicht uns die vereinfachte Bestimmung der Flächenmomente 2. Grades von Flächen, die aus Teilflächen (z. B. Rechteck, Dreieck, Kreis) mit bekannten Flächenmomenten 2. Grades zusammengesetzt sind. Man wird die Berechnung der entstehenden Summenausdrücke praktischerweise – ebenso wie bei Schwerpunktermittlungen – in Tabellenform durchführen. Auch hier können bei entsprechender Aufteilung der Gesamtfläche „negative“ Teilflächen entstehen, deren Flächenmomente 2. Grades mit negativem Vorzeichen in der Tabellenrechnung berücksichtigt werden müssen.

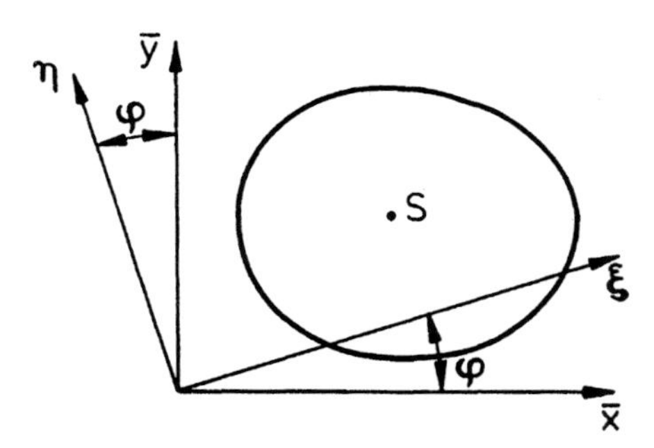

Abbildung 49: Drehung des Koordinatensystems

Da die Flächenmomente 2. Grades achsenbezogen sind, ist es einzusehen, dass sie sich ändern, wenn das rechtwinklige Koordinatensystem um einen Winkel φ gedreht wird (Abb. 49). Es gelten die *Transformationsgleichungen*

$$\begin{aligned}
I_{\xi\xi}(\varphi) &= \frac{1}{2}(I_{\overline{xx}} + I_{\overline{yy}}) + \\
&\quad + \frac{1}{2}(I_{\overline{xx}} - I_{\overline{yy}})\cos 2\varphi + \\
&\quad + I_{\overline{xy}}\sin 2\varphi\,, \\
I_{\eta\eta}(\varphi) &= \frac{1}{2}(I_{\overline{xx}} + I_{\overline{yy}}) - \\
&\quad - \frac{1}{2}(I_{\overline{xx}} - I_{\overline{yy}})\cos 2\varphi - \\
&\quad - I_{\overline{xy}}\sin 2\varphi\,, \\
I_{\xi\eta}(\varphi) &= -\frac{1}{2}(I_{\overline{xx}} - I_{\overline{yy}})\sin 2\varphi + \\
&\quad + I_{\overline{xy}}\cos 2\varphi\,.
\end{aligned}$$

Für einen Winkel φ_o nach

$$\tan 2\varphi_o = \frac{2I_{\overline{xy}}}{I_{\overline{xx}} - I_{\overline{yy}}}$$

nehmen die Flächenmomente 2. Grades Extremwerte an:

$$\begin{aligned}
I_{\max} &= \frac{1}{2}(I_{\overline{xx}} + I_{\overline{yy}}) + \\
&\quad + \sqrt{[\frac{1}{2}(I_{\overline{xx}} - I_{\overline{yy}})]^2 + I_{\overline{xy}}^2}\,, \\
I_{\min} &= \frac{1}{2}(I_{\overline{xx}} + I_{\overline{yy}}) - \\
&\quad - \sqrt{[\frac{1}{2}(I_{\overline{xx}} - I_{\overline{yy}})]^2 + I_{\overline{xy}}^2}\,.
\end{aligned}$$

Das gemischte Flächenmoment 2. Grades wird für diese Koordinatendrehung Null. Man nennt die extremalen Flächenmomente 2. Grades *Hauptflächenmomente* und die zugehörigen Koordinatenachsen *Hauptachsen*. Wenn sich die beiden Hauptachsen im Schwerpunkt der Fläche schneiden, dann heißen sie *Hauptzentralachsen*. Symmetrieachsen sind immer Hauptachsen.

(Bitte versuchen Sie nicht, mit den Begriffen „Flächenmoment" oder „Flächenträgheitsmoment" irgend eine technisch-mechanische Bedeutung zu verbinden. Es sind ausschließlich Namen von Integralausdrücken, die in der Statik elastischer Körper benötigt werden.)

Einheit der Flächenmomente 2. Grades: $[I_{xx}], [I_{yy}], [I_{xy}], [I_p] = \mathrm{m}^4$.

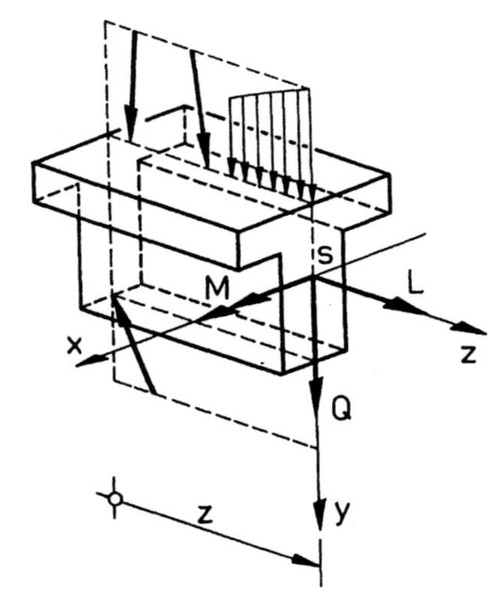

Abbildung 50: Schnittgrößen im Trägerquerschnitt

13.2 Spannungszustand bei gerader Biegung mit Längskraft

Wir betrachten gerade, elastische Träger, die in jedem Querschnitt $z =$ konst. eine Längskraft L, eine Querkraft Q und ein Biegemoment M zu übertragen haben (Abb. 50). Der Einfluss der Querkraft auf den Spannungszustand im Trägerquerschnitt kann im allgemeinen vernachlässigt werden.

Setzen wir voraus, dass die äußeren Kräfte und die Stützkräfte ausnahmslos in der y-z-Ebene, der *Lastebene*, wirken und die x-Achse und y-Achse Hauptzentralachsen sind (das gemischte Flächenmoment 2. Grades ist demzufolge also Null (bei Trägerquerschnitten mit der y-Achse als Symmetrieachse ist das immer so)), dann wird eine Verbiegung in der y-z-Ebene stattfinden („um die x-Achse"). Man spricht deshalb von *gerader* oder *einachsiger Biegung*. Grundlegend für die Spannungsberechnung ist die von JACOB BERNOULLI (1654 – 1705) durch Experimente begründete *Hypothese vom Ebenbleiben der Querschnitte*. Sie besagt:

> *Bei der Biegung von Stäben befinden sich alle Punkte, die vor der Deformation in einer Ebene senkrecht zur geraden Stabachse liegen, auch danach wieder in einer Ebene senkrecht zur durchgebogenen Stabachse.*

Die Verlängerung jeder Stabfaser in z-Richtung und damit auch ihre Dehnung sind also eine lineare Funktion der Koordinate y, und bei Berücksichtigung des HOOKEschen Gesetzes folgt daraus die Verteilung der Normalspannung (*Biege-*

spannung) über den Trägerquerschnitt an der Stelle z in der Form

$$\sigma(y,z) = \frac{L(z)}{A(z)} + \frac{M(z)}{I_{xx}(z)}\, y\,.$$

In dieser Beziehung sind alle vorzeichenbehafteten Größen (L, M, y) mit ihren richtigen Vorzeichen einzusetzen. Dann ergeben sich Zugspannungen mit einem positiven und Druckspannungen mit einem negativen Vorzeichen.

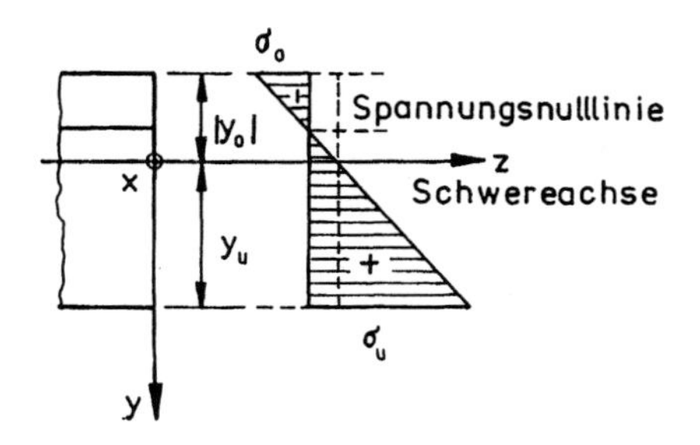

Abbildung 51: Spannungsverlauf im Trägerquerschnitt

Trägt man die Spannungsanteile aus Längskraft und Biegemoment über dem Trägerquerschnitt auf, so erhält man den in Abb. 51 dargestellten linearen Verlauf. Alle Punkte, die auf einer Parallelen im Abstand

$$y_N = -\frac{L\, I_{xx}}{M\, A}$$

von der x-Achse liegen, sind spannungsfrei. Man bezeichnet diese Linie als *Spannungsnulllinie*.

Die am oberen Trägerrand $y = -\,|\,y_o\,|$ bzw. am unteren Trägerrand $y = y_u$ auftretenden maximalen Spannungen haben die Größe

$$\begin{aligned}\sigma_o(y_o,z) &= \frac{L(z)}{A(z)} - \frac{M(z)}{I_{xx}(z)}\,|y_o|\,,\\ \sigma_u(y_u,z) &= \frac{L(z)}{A(z)} + \frac{M(z)}{I_{xx}(z)}\,y_u\,.\end{aligned}$$

Es wird vereinbart, für die aus dem Hauptflächenmoment I_{xx} und den Randabständen $|\,y_o\,|$ bzw. y_u gebildeten Quotienten

$$W_o = \frac{I_{xx}}{|\,y_o\,|} \quad ; \quad W_u = \frac{I_{xx}}{y_u}$$

die Namen *Widerstandsmomente* zu verwenden.

Wenn ein *Spannungsnachweis* durchgeführt werden soll, muss man für das gegebene Tragwerk die Schnittgrößenschaubilder für die Längskraft und das Biegemoment zeichnen und diejenige Kombination Längskraft plus Biegemoment finden, welche in der Spannungsgleichung den maximalen Spannungsbetrag liefert. Es muss gelten

$$\begin{aligned}|\sigma_{\max}(y,z)| &= \left|\frac{L(z)}{A(z)} + \frac{M(z)}{I_{xx}(z)}\, y\right|\\ &\leq \sigma_{\text{zul}}\,.\end{aligned}$$

Ist die Längskraft Null (gerade Biegung ohne Längskraft), dann genügt es, das maximale Biegemoment $|M_{\max}|$ mit dem minimalen Widerstandsmoment $W_{\min}$ zu koppeln, um die größte Spannung zu erhalten:

$$\sigma_{\max} = \frac{|M_{\max}|}{W_{\min}} \leq \sigma_{\text{zul}} \, .$$

Für eine *Bemessung* ist bei gerader Biegung ohne Längskraft ein Trägerquerschnitt zu wählen, dessen kleinstes Widerstandsmoment mindestens den Wert

$$W_{\text{erf}} \geq \frac{|M_{\max}|}{\sigma_{\text{zul}}}$$

aufweist. Bei gerader Biegung mit Längskraft kommt man um ein „Probieren" nicht herum, da zwischen dem Flächeninhalt und dem Widerstandsmoment eines Trägerquerschnittes kein analytisch darstellbarer Zusammenhang besteht.
Einheit der Widerstandsmomente:
$[W_o], [W_u] = \text{m}^3$.

13.3 Verschiebungszustand

Ein gerader, elastischer Träger wird sich unter der Wirkung einer senkrechten Belastung durchbiegen. Seine ursprünglich gerade Balkenachse geht in eine gebogene Linie, die *elastische Linie* oder auch *Biegelinie*, über (Abb. 52).

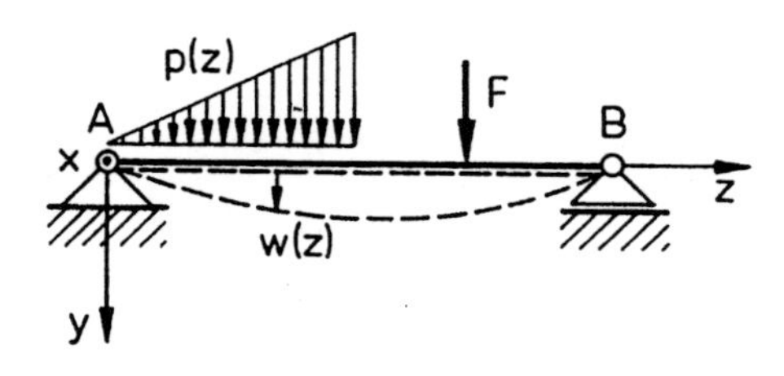

Abbildung 52: Biegelinie

Nehmen wir an, dass der Lastfall einer geraden Biegung ohne Längskraft vorliegt, die BERNOULLIsche Hypothese vom Ebenbleiben der Querschnitte gilt und die Durchbiegungen $w(z)$ sehr klein gegenüber den Querschnittsabmessungen sind, dann lautet die *Differentialgleichung 2. Ordnung der Biegelinie*

$$\frac{\mathrm{d}^2 w(z)}{\mathrm{d}z^2} = w''(z) = -\frac{M(z)}{EI_{xx}(z)} \, .$$

Bei einem konstanten Flächenmoment 2. Grades I_{xx} muss also die vorher berechnete Funktion des Biegemomentes zweimal über z integriert werden, wobei zwei Integrationskonstanten c_1 und c_2 entstehen, die aus *kinematischen Randbedingungen* bestimmt werden können. Das sind an den Auflagern vorgeschriebene Verschiebungen und evtl. Tangentenneigungen der Biegelinie, also z. B. an einem „Gelenk"-Lager $w(z = z_A) = 0$ und an einer Einspannung $w(z = z_A) = 0$ und $w'(z = z_A) = 0$. Analog zur Dehnsteifigkeit bei Stäben nennt man den Ausdruck $EI_{xx}(z)$ die *Biegesteifigkeit*.

Als Beispiel betrachten wir den Biegeträger von Abb. 37.
Im Bereich $0 \leq s_1 \leq l$ haben wir die Funktion des Biegemomentes bereits ermittelt. Es folgt

$$EI_{xx}w''(s_1) = -M(s_1)$$

$$= -\frac{q_o l^2}{8}(3\,\frac{s_1}{l} - 4\,\frac{s_1^2}{l^2}) \, ,$$

$$EI_{xx}w'(s_1)$$

$$= -\frac{q_o l^3}{8}(3\,\frac{s_1^2}{2\,l^2} - 4\,\frac{s_1^3}{3\,l^3}) + c_1 \, ,$$

$$EI_{xx}w(s_1) = -\frac{q_o l^4}{8}\left(\frac{s_1^3}{2\,l^3} - \frac{s_1^4}{3\,l^4}\right) + c_1 s_1 + c_2 \,.$$

Aus den kinematischen Randbedingungen ergeben sich die Integrationskonstanten:

$$\begin{aligned} w(s_1 = 0) &= 0 \quad \rightarrow c_2 = 0\,, \\ w(s_1 = l) &= 0 \;=\; -\frac{q_o l^4}{48} + c_1 l \\ \rightarrow \quad c_1 &= \frac{q_o l^3}{48}\,. \end{aligned}$$

Die Biegelinie im Bereich $0 \leq s_1 \leq l$ hat also die analytische Form

$$w(s_1) = \frac{q_o l^4}{48\,EI_{xx}}\left(\frac{s_1}{l} - 3\,\frac{s_1^3}{l^3} + 2\,\frac{s_1^4}{l^4}\right).$$

Eine zweite Möglichkeit, die Biegelinie zu berechnen, erhält man, wenn die vorstehende Differentialgleichung 2. Ordnung der Biegelinie bei konstantem Flächenmoment 2. Grades I_{xx} noch zweimal nach z differenziert und das Ergebnis mit den im Abschnitt 7.3 dargestellten Beziehungen zwischen Linienkraft, Querkraft und Biegemoment verknüpft wird. Dann folgt die *Differentialgleichung 4. Ordnung der Biegelinie*

$$\boxed{\frac{\mathrm{d}^4 w(z)}{\mathrm{d}z^4} = w''''(z) = \frac{p_Q(z)}{EI_{xx}}}\,,$$

die zwar den Vorteil besitzt, dass man nur die meistens relativ einfache Funktion der Linienkraft zu ermitteln und zu integrieren braucht, aber den Nachteil, dass man vier Integrationskonstanten bestimmen muss. Diese vier Integrationskonstanten berechnen wir zunächst wieder aus den kinematischen Randbedingungen, müssen jetzt aber auch *dynamische Randbedingungen* mit hinzuziehen, welche für Biegemomente an zwei Stellen oder für ein Biegemoment und eine Querkraft an je einer Stelle des Tragwerkes hingeschrieben werden können (vgl. Abb. 35). Dennoch wird man diese Form der Differentialgleichung immer dann benutzen, wenn die Funktion der Linienkraft kompliziert ist (das bereitet bei der Herleitung des Biegemomentes am freigeschnittenen Träger u. U. Schwierigkeiten) oder wenn man es mit statisch unbestimmten Trägern zu tun hat, bei denen eine Ermittlung der Funktion des Biegemomentes aus den 3 Gleichgewichtsbedingungen nicht möglich ist.

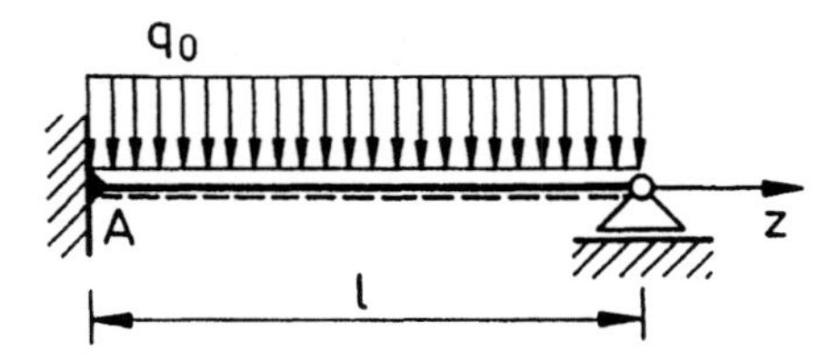

Abbildung 53: 1-fach statisch unbestimmter Träger

Am Beispiel des 1-fach statisch unbestimmt gelagerten Trägers der Abb. 53 wollen wir das Vorgehen zeigen. Da die Linienkraft $p_Q(z) = p(z) = q_o =$ konst. ist, bereitet die vierfache Integration keine Schwierigkeiten:

$$\begin{aligned} EI_{xx}w''''(z) &= p(z) = q_o = \text{konst.}\,, \\ EI_{xx}w'''(z) &= q_o z + c_1 \;=\; -\,Q(z)\,, \end{aligned}$$

$$EI_{xx}w''(z) = q_o\frac{z^2}{2} + c_1 z + c_2 = -M(z)\,,$$

$$EI_{xx}w'(z) = q_o\frac{z^3}{6} + c_1\frac{z^2}{2} + c_2 z + c_3\,,$$

$$EI_{xx}w(z) = q_o\frac{z^4}{24} + c_1\frac{z^3}{6} + c_2\frac{z^2}{2} + c_3 z + c_4\,;$$

Randbedingungen:

$$\begin{aligned} w(z=0) &= 0 \quad \rightarrow \quad c_4 = 0\,, \\ w'(z=0) &= 0 \quad \rightarrow \quad c_3 = 0\,, \\ w(z=l) &= 0\,, \\ M(z=l) &= 0 \\ \rightarrow \quad c_1 &= -\frac{5}{8}\,q_o l\,, \\ \rightarrow \quad c_2 &= \frac{1}{8}\,q_o l^2\,; \end{aligned}$$

Biegelinie:

$$w(z) = \frac{q_o l^4}{48\,EI_{xx}}(2\,\frac{z^4}{l^4} - 5\,\frac{z^3}{l^3} + 3\,\frac{z^2}{l^2})\,,$$

$$w'(z) = \frac{q_o l^3}{48\,EI_{xx}}(8\,\frac{z^3}{l^3} - 15\,\frac{z^2}{l^2} + 6\,\frac{z}{l})\,;$$

Schnittgrößen:

$$M(z) = \frac{q_o l^2}{8}(-4\,\frac{z^2}{l^2} + 5\,\frac{z}{l} - 1)\,,$$

$$Q(z) = \frac{q_o l}{8}(-8\,\frac{z}{l} + 5)\,;$$

Stützgrößen:

$$\begin{aligned} F_{AV} &= Q(z=0) = \frac{5}{8}q_o l\,, \\ F_B &= -Q(z=l) = \frac{3}{8}q_o l\,, \\ M_A &= M(z=0) = -\frac{1}{8}q_o l^2\,. \end{aligned}$$

Sie erkennen, dass die Herleitung der Biegelinie bereits bei einem relativ einfachen Beispiel einigen Arbeitsaufwand erfordert. Da diese Integrationen bei sich örtlich ändernden Belastungen immer nur bereichsweise erfolgen können (zu den Randbedingungen kommen dann noch sogenannte *Übergangsbedingungen* hinzu), werden die Berechnungen schnell sehr umfangreich, und wir müssen im Rahmen dieses Buches auf die Darstellung weiterer Beispiele mit mehreren Bereichen verzichten.

Weiterführende Stoffgebiete: Zweiachsige Biegung, Übertragungsmatrizen-Verfahren, Kern eines Querschnittes, Biegung gekrümmter Träger, Biegung mit Längskraft bei versagender Zugzone.

14 Schubbeanspruchung

14.1 Schubverbindungen

Eine Schub- oder *Scherbeanspruchung* in der Querschnittsfläche A eines Stabes liegt vor, wenn er durch zwei gegenüber liegende Schneiden beansprucht wird (Abb. 54). An den Schnittflächen treten vornehmlich Schubspannungen auf, deren Resultierende der an jeder Schneide angreifenden Kraft F jeweils das Gleichgewicht hält.

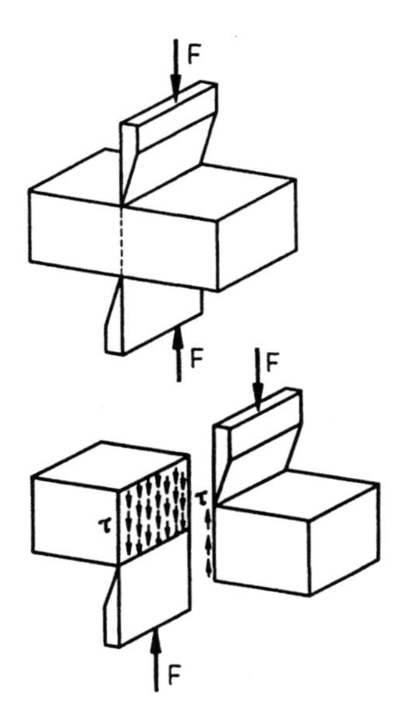

Abbildung 54: Schubbeanspruchung

In der Technik kommen bei Schweiß-, Niet- und Klebeverbindungen derartige Spannungszustände vor (Abb. 55).

Da über die Verteilung der Schubspannungen τ in der *Scherfläche* A (das sind zum Beispiel bei einer Nietverbindung die Querschnittsfläche des Nietschaftes, bei Schweißverbindungen vorgeschriebene Flächen in den Schweißnähten) nichts ausgesagt werden kann, nehmen wir vereinfachend an, dass die Schubspannungen mit einem Mittelwert τ_o konstant über die Scherfläche A verteilt sind.

Der *Spannungsnachweis* verlangt dann

$$\boxed{\tau_o = \frac{F}{A} \leq \tau_{\text{zul}}\,,}$$

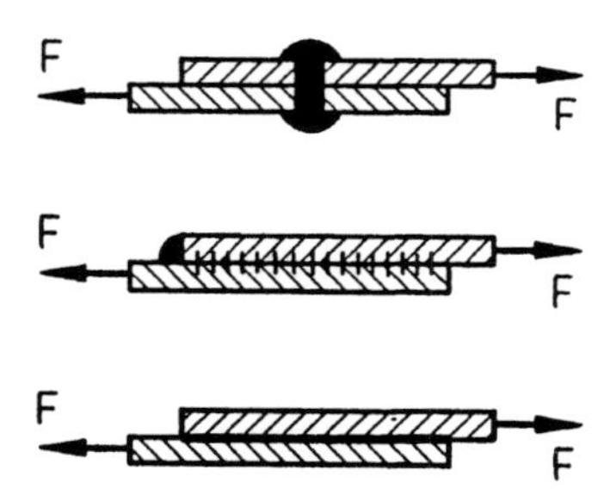

Abbildung 55: Schubverbindungen

und die erforderliche Scherfläche A_{erf} der Schubbeanspruchung folgt aus der *Bemessungsgleichung*

$$\boxed{A_{\text{erf}} \geq \frac{F}{\tau_{\text{zul}}}\,.}$$

Auf die ebenfalls bei Nietverbindungen auftretenden Fragen der Mehrschnittigkeit und Lochleibungsspannungen wollen wir hier nicht eingehen.

14.2 Torsion

Die exakte Untersuchung eines auf Torsion beanspruchten Stabes mit beliebiger Querschnittsform ist relativ kompliziert und erfordert einigen mathematischen Aufwand. Nehmen wir jedoch mit COULOMB an, dass sich die Querschnitte eines tordierten Stabes näherungsweise als Ganzes verdrehen (das trifft nur für Stäbe mit Kreis- oder Kreisringquerschnitt zu), so vereinfacht sich die Aufgabe wesentlich. In jedem Querschnitt solcher Stäbe treten dann von der Stabachse nach außen linear anwachsende Schubspannungen auf (Abb. 56), deren resultierende Wirkung ein Torsions-Schnittmoment $M_t(z)$ liefert, das mit dem äußeren einwirkenden Torsionsmoment im Gleichgewicht steht. Mit I_p als dem polaren Flächenmoment 2. Grades

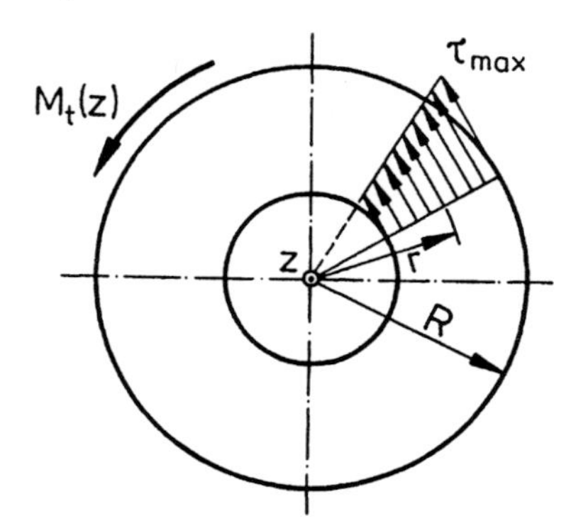

Abbildung 56: Spannungsverteilung bei Torsion

erhält man den Spannungsverlauf über den Querschnitt zu

$$\tau(r,z) = \frac{M_t(z)}{I_p}\, r\,.$$

(Beachten Sie bitte die Analogie zur Spannungsberechnung bei gerader Biegung ohne Längskraft im Abschnitt 13.2. Es entsprechen sich: Biegespannung σ und Schubspannung τ, Biegemoment M und Torsionsmoment M_t.) Der maximale Wert der Schubspannung wird bei diesen Querschnitten am Außenrand $r = R$ auftreten und muss in einem *Spannungsnachweis* der Beziehung

$$\begin{aligned} \tau_{\max} &= \tau(r=R) \\ &= \frac{|M_{t,\max}|}{I_p}\, R \;\leq\; \tau_{\mathrm{zul}} \end{aligned}$$

genügen. Mit dem *Widerstandsmoment* für Torsion

$$W_t = \frac{I_p}{R}$$

kann man dafür auch

$$\tau_{\max} = \frac{|M_{t,\max}|}{W_t} \leq \tau_{\mathrm{zul}}$$

schreiben. Die *Bemessung* liefert für einen Kreisquerschnitt den erforderlichen Radius

$$R_{\mathrm{erf}} \geq \sqrt[3]{\frac{2\, M_{t,\max}}{\pi \tau_{\mathrm{zul}}}}$$

und daraus das zulässige Torsionsmoment

$$M_{t,\mathrm{zul}} \leq \frac{\pi R^3}{2}\, \tau_{\mathrm{zul}}\,.$$

Schließlich geben wir noch den *Verdrehungswinkel* φ des Endquerschnittes eines auf Torsion beanspruchten einseitig eingespannten Stabes von der Länge l an:

$$\varphi = \frac{M_t\, l}{G\, I_p}\,.$$

Den Ausdruck GI_p nennt man analog zur bereits definierten Dehn- bzw. Biegesteifigkeit *Torsionssteifigkeit*.
Einheit der Schubspannung:
$[\tau] = 1\ \mathrm{N/m^2}$.

Weiterführende Stoffgebiete: Schubspannungen bei Querkraftbiegung, Torsion von Stäben mit beliebigem Querschnitt, Torsion dünnwandiger Stäbe mit geschlossenem und offenem Querschnitt, Schubmittelpunkt.

15 Formänderungen

15.1 Formänderungsarbeit

Bisher haben wir den Verschiebungszustand für einen Biegeträger (Abschnitt 13.3) durch Integration einer Differentialgleichung gewonnen. Diese Berechnung kann dann recht umfangreich werden, wenn die Belastungsfunktion $p(z)$ kompliziert ist oder der Träger aus vielen Teilabschnitten besteht, für welche die Formulierung von Rand- und Übergangsbedingungen einigen Aufwand erfordert. Als Ergebnis dieser Mühe erhalten wir jedoch analytische Ausdrücke, die es uns gestatten, Verschiebung, Tangentenneigung und auch Schnittgrößen *an jeder Stelle* des Tragwerkes zu bestimmen. Falls dagegen die Verschiebung oder die Tangentenneigung der Schwereachse des Trägers nur an vorgeschriebenen Stellen gesucht sind, können wir uns die Arbeit erleichtern, indem wir Verfahren anwenden, die von der *Formänderungsarbeit* des Tragwerkes ausgehen.

Ein ebenes statisch bestimmtes Tragwerk wird durch äußere Kräfte oder Momente, die alle in der Tragwerksebene liegen, belastet (Abb. 57) und verformt. Bei dieser Verformung wird in dem Tragwerk eine *Formänderungsarbeit* gespeichert, die für elastisches Materialverhalten gleich der Arbeit ist, welche die eingeprägte Belastung bei der Verformung verrichtet. Da das Tragwerk statisch bestimmt ist, können wir die Funktionen der Schnittgrößen $L(z), Q(z)$ und $M(z)$ an jeder Stelle des Tragwerks aus den drei Gleichgewichtsbedingungen ermitteln. Die Formänderungsarbeit hat dann

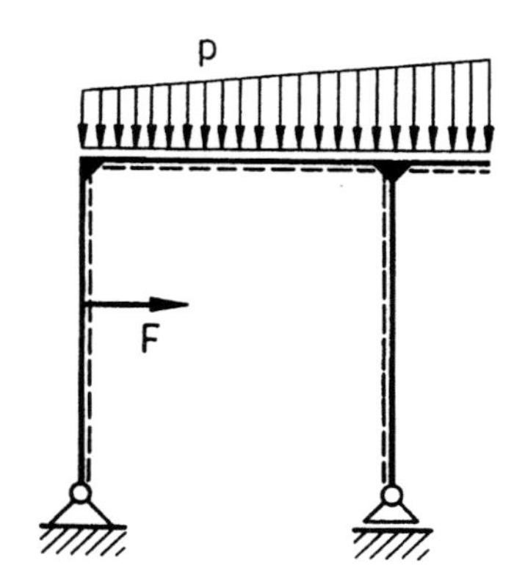

Abbildung 57: Eingeprägte Belastung eines Tragwerkes

die Größe

$$W = \int_{(l)} \frac{[L(z)]^2}{2\,EA(z)}\,\mathrm{d}z + \int_{(l)} \frac{[M(z)]^2}{2\,EI_{xx}(z)}\,\mathrm{d}z + \int_{(l)} \kappa(z)\frac{[Q(z)]^2}{2\,GA(z)}\,\mathrm{d}z\,.$$

Dabei sind $Q(z)$ die Querkraft in y-Richtung und $\kappa(z)$ die *Schubverteilungszahl* (sie ist abhängig von der Querschnittsform und beträgt z. B. für einen Rechteckquerschnitt $\kappa = 1,2$). Der Anteil von Längskraft und Querkraft an der Formänderungsarbeit ist bei „normalen" Biegeträgern klein und kann deshalb bei unseren weiteren Betrachtungen außer acht gelassen werden.
Einheit der Formänderungsarbeit:
$[W] = 1$ Nm,
Einheit der Schubverteilungszahl:
$[\kappa] = 1$.

15.2 Satz von Castigliano

Unter der Voraussetzung, dass das HOOKEsche Gesetz gültig ist und keine Temperaturänderungen vorgegeben sind, gilt der *1. Satz von* ALBERTO CASTIGLIANO (1847 – 1884):

> *Die partielle Differentiation der Formänderungsarbeit nach einer Kraft ergibt die Verschiebung des Kraftangriffspunktes in Richtung dieser Kraft, und die partielle Ableitung der Formänderungsarbeit nach einem Moment ergibt die Tangentenneigung des Balkens am Angriffspunkt und in Drehrichtung des Momentes.*

(Wenn man den 1. Satz von CASTIGLIANO *exakt* formulieren wollte, müsste man statt der „Formänderungsarbeit" die sogen. „Ergänzungsarbeit" benutzen. Da wir jedoch in der *Statik elastischer Körper* immer die Gültigkeit des HOOKEschen Gesetzes

$$\sigma = E\,\varepsilon$$

voraussetzen dürfen, ist die Ergänzungsarbeit gleich der Formänderungsarbeit.

Es gibt noch einen 2. Satz von CASTIGLIANO. Er besitzt jedoch eine geringere Bedeutung, und wir wollen deshalb nicht darauf eingehen.)

Als Formel lautet der

1. *Satz von* CASTIGLIANO

für eine Verschiebung

$$\frac{\partial W}{\partial F_l} = w_l = \sum_{i=1}^{p} \int_{(l_i)} \frac{M_i}{EI_{xxi}} \frac{\partial M_i}{\partial F_l} \,\mathrm{d}z_i$$

bzw. für eine Tangentenneigung

$$\frac{\partial W}{\partial M_l} = \varphi_l = \sum_{i=1}^{p} \int_{(l_i)} \frac{M_i}{EI_{xxi}} \frac{\partial M_i}{\partial M_l} \,\mathrm{d}z_i \,.$$

Wir benötigen also die Funktionen der Biegemomente in den einzelnen Bereichen i (i=1,2,3,...,n) des Tragwerkes. In diesen Biegemomentenfunktionen sind natürlich alle am Tragwerk wirkenden Kräfte und Momente enthalten. Falls an einer Stelle, an der eine Verschiebung oder Tangentenneigung ermittelt werden soll, keine entsprechende äußere Belastung angreift, muss an dieser Stelle eine *Hilfskraft* F_H oder ein *Hilfsmoment* M_H beliebiger Größe eingeführt werden, welches mit in die Biegemomentenfunktionen eingeht. Nachdem die erforderlichen partiellen Ableitungen

$$\frac{\partial M_i}{\partial F_l} \quad \text{bzw.} \quad \frac{\partial M_i}{\partial M_l}$$

berechnet worden sind, können wir alle Hilfsgrößen wieder Null setzen.

Als Beispiel wollen wir die vertikale Verschiebung am Ende eines Kragträgers (Abb. 58) mit konstanter Linienkraft q_o bestimmen.

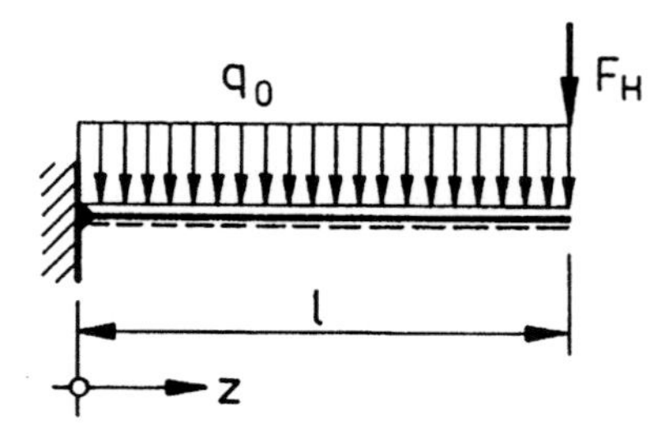

Abbildung 58: Kragträger mit konstanter Linienkraft

Da an der Stelle $z = l$ keine äußere Kraft vorgegeben ist, nehmen wir in Richtung der gesuchten Verschiebung w eine Hilfskraft F_H an. Mit der Biegemomentenfunktion

$$M(z) = -\frac{1}{2}q_o(l-z)^2 - F_H(l-z)$$

und der daraus gebildeten partiellen Ableitung

$$\frac{\partial M}{\partial F_H} = -(l-z)$$

erhalten wir die Verschiebung zu

$$w = \frac{1}{EI_{xx}}\int_0^l [-\frac{1}{2}q_o(l-z)^2 - F_H(l-z)][-(l-z)]\,\mathrm{d}z$$

und nach Streichen von F_H

$$w = \frac{q_o}{2\,EI_{xx}}\int_0^l (l-z)^3\,\mathrm{d}z = \frac{q_o l^4}{8\,EI_{xx}}\,.$$

15.3 Verfahren von Otto Mohr

Wenn auch die Ermittlung von Verschiebungen und Tangentenneigungen eines Tragwerkes mit Hilfe des 1. Satzes von CASTIGLIANO gegenüber der Herleitung der vollständigen Biegelinie relativ einfach ist, so muss trotzdem noch partiell differenziert und integriert werden. Nach einem von OTTO MOHR (1835 - 1918) ausgearbeiteten Verfahren lässt sich diese Berechnung unter bestimmten Voraussetzungen noch wesentlich verkürzen. Wir gehen dazu erneut von der gegebenen äußeren Belastung des Tragwerkes aus und stellen – ebenso wie bei der Formänderungsarbeit – die Funktionen der Schnittgrößen $L(z)$, $M(z)$ und $Q(z)$ auf. Im Anschluss daran entlasten wir das Tragwerk vollständig und belasten es mit einer beliebig großen Hilfskraft F_H bzw. einem beliebig großen Hilfsmoment M_H (Abb. 59) *an der Stelle und in der Richtung, an der die Verschiebung bzw. die Tangentenneigung gesucht ist.* Zu diesen Einzelbelastungen gehören die Schnittkräfte und -momente $\overline{L}(z)$, $\overline{M}(z)$ und $\overline{Q}(z)$.

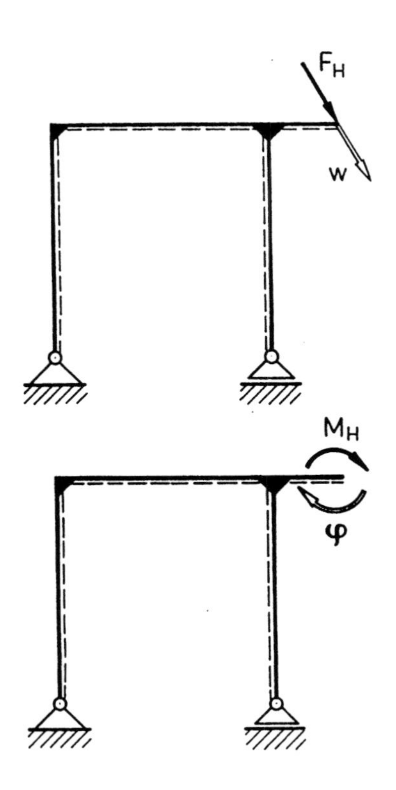

Abbildung 59: Tragwerk mit Hilfsbelastungen

Die von OTTO MOHR aufgestellten *Arbeitsgleichungen* folgen dann für eine Verschiebung zu

$$F_H \cdot w = \int_{(l)} \frac{L(z)\overline{L}(z)}{EA(z)}\,\mathrm{d}z + \int_{(l)} \frac{M(z)\overline{M}(z)}{EI_{xx}(z)}\,\mathrm{d}z + \int_{(l)} \kappa(z)\frac{Q(z)\overline{Q}(z)}{GA(z)}\,\mathrm{d}z$$

bzw. für eine Tangentenneigung zu

$$M_H \cdot \varphi = \int_{(l)} \frac{L(z)\overline{L}(z)}{EA(z)}\,\mathrm{d}z + \int_{(l)} \frac{M(z)\overline{M}(z)}{EI_{xx}(z)}\,\mathrm{d}z + \int_{(l)} \kappa(z)\frac{Q(z)\overline{Q}(z)}{GA(z)}\,\mathrm{d}z\,.$$

Der Rechenaufwand für das MOHRsche Verfahren wird wesentlich herabgesetzt, wenn der Querschnitt in jedem Integrationsintervall konstant ist. Vernachlässigen wir wiederum den Längskraft- und den Querkraftanteil in den Arbeitsgleichungen, so haben sämtliche benötigten Integrale die Form

$$\int_{z_1}^{z_2} M(z)\overline{M}(z)\,\mathrm{d}z\,.$$

Für das Beispiel zweier linearer Funktionen (Abb. 60) erhalten wir

$$M_A\overline{M}_A \int_0^l (1-\frac{z}{l})^2\,\mathrm{d}z = \frac{1}{3}M_A\overline{M}_A l\,.$$

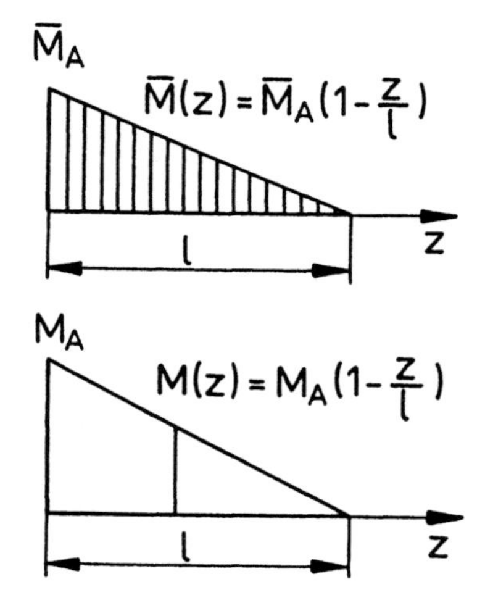

Abbildung 60: Funktionen für Biegemomentenverläufe

Von HEINRICH MÜLLER-BRESLAU (1851 – 1925) sind für die in der Praxis häufig auftretenden Integranden $M(z)\overline{M}(z)$ die Integralwerte berechnet und in Tafeln zusammengestellt worden. Die Tafel 2 zeigt einen Ausschnitt der möglichen Kombinationen und die Ergebnisse der Integration.

Die vorstehend ermittelte Endverschiebung des Kragträgers finden Sie mit Hilfe der Kombination Nr. 12 (quadratische Parabel ($M_A = -q_o l^2/2$) kombiniert mit Dreieck ($\overline{M}_A = -F_H l$), Spitzen gleichlagig).

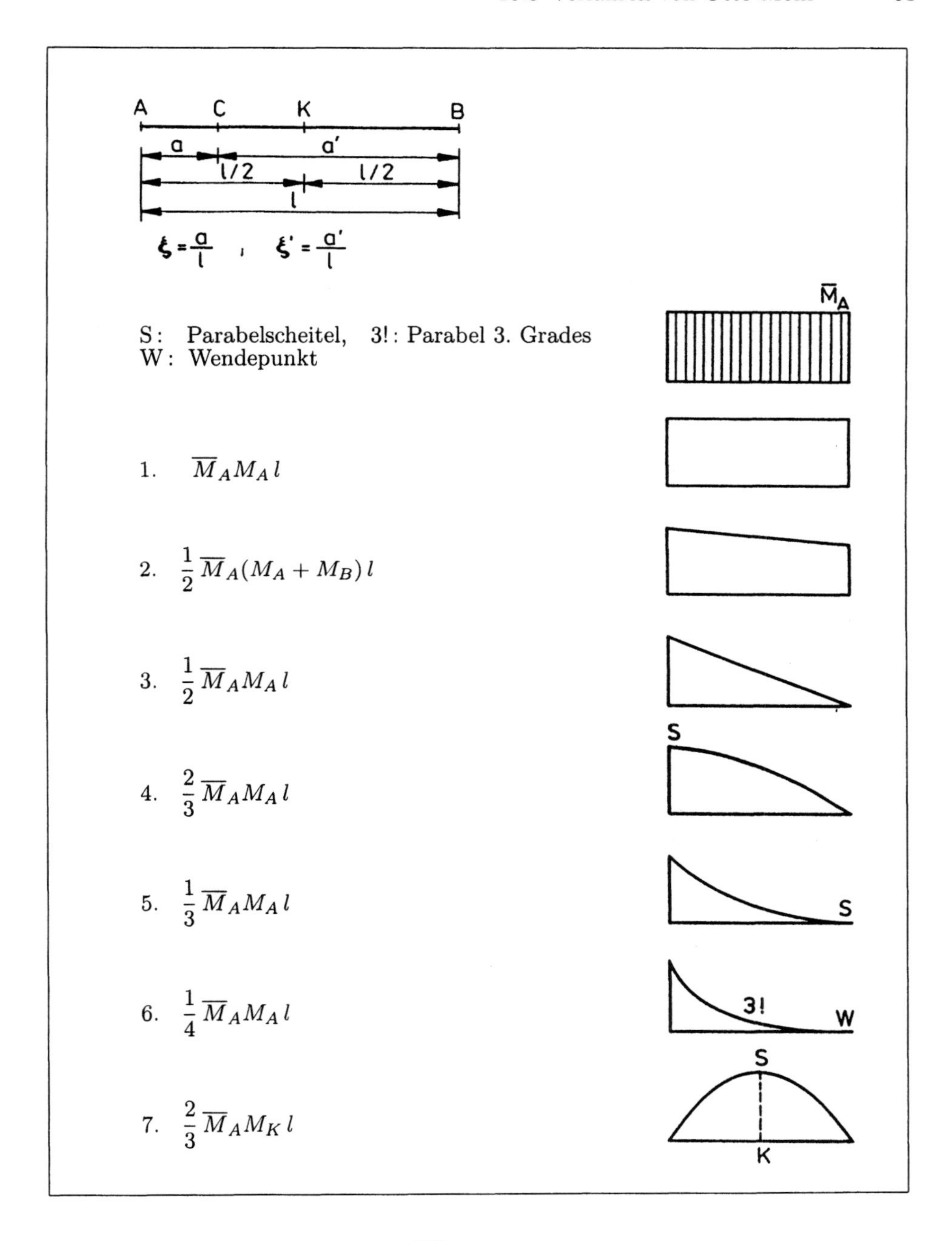

S: Parabelscheitel, 3!: Parabel 3. Grades
W: Wendepunkt

1. $\overline{M}_A M_A\, l$

2. $\frac{1}{2}\overline{M}_A(M_A + M_B)\, l$

3. $\frac{1}{2}\overline{M}_A M_A\, l$

4. $\frac{2}{3}\overline{M}_A M_A\, l$

5. $\frac{1}{3}\overline{M}_A M_A\, l$

6. $\frac{1}{4}\overline{M}_A M_A\, l$

7. $\frac{2}{3}\overline{M}_A M_K\, l$

Tafel 2: Werte der Integrale $\int M(z)\overline{M}(z)\,\mathrm{d}z$

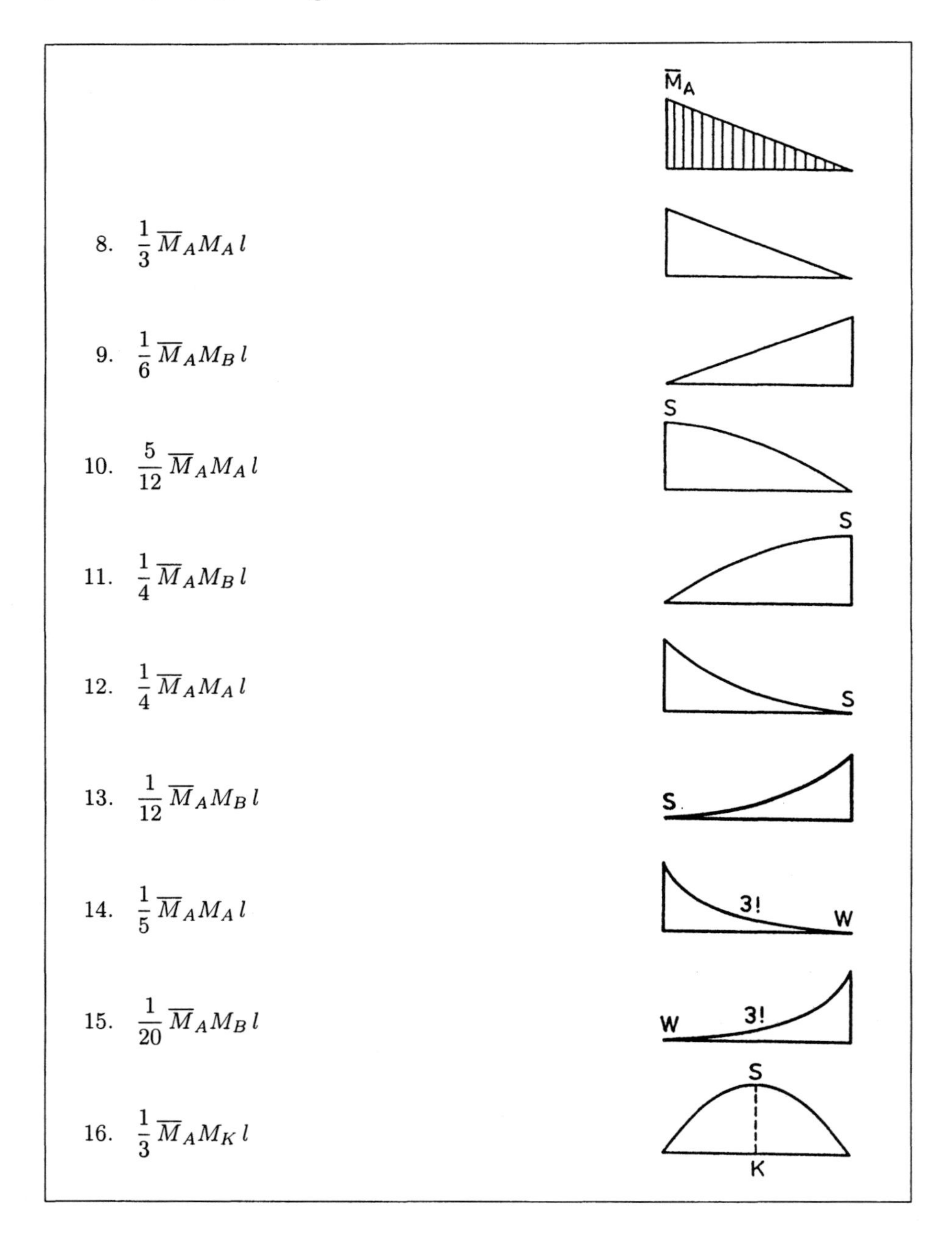

8.	$\frac{1}{3}\,\overline{M}_A M_A\, l$
9.	$\frac{1}{6}\,\overline{M}_A M_B\, l$
10.	$\frac{5}{12}\,\overline{M}_A M_A\, l$
11.	$\frac{1}{4}\,\overline{M}_A M_B\, l$
12.	$\frac{1}{4}\,\overline{M}_A M_A\, l$
13.	$\frac{1}{12}\,\overline{M}_A M_B\, l$
14.	$\frac{1}{5}\,\overline{M}_A M_A\, l$
15.	$\frac{1}{20}\,\overline{M}_A M_B\, l$
16.	$\frac{1}{3}\,\overline{M}_A M_K\, l$

Tafel 2: Werte der Integrale $\int M(z)\overline{M}(z)\,\mathrm{d}z$ (Fortsetzung)

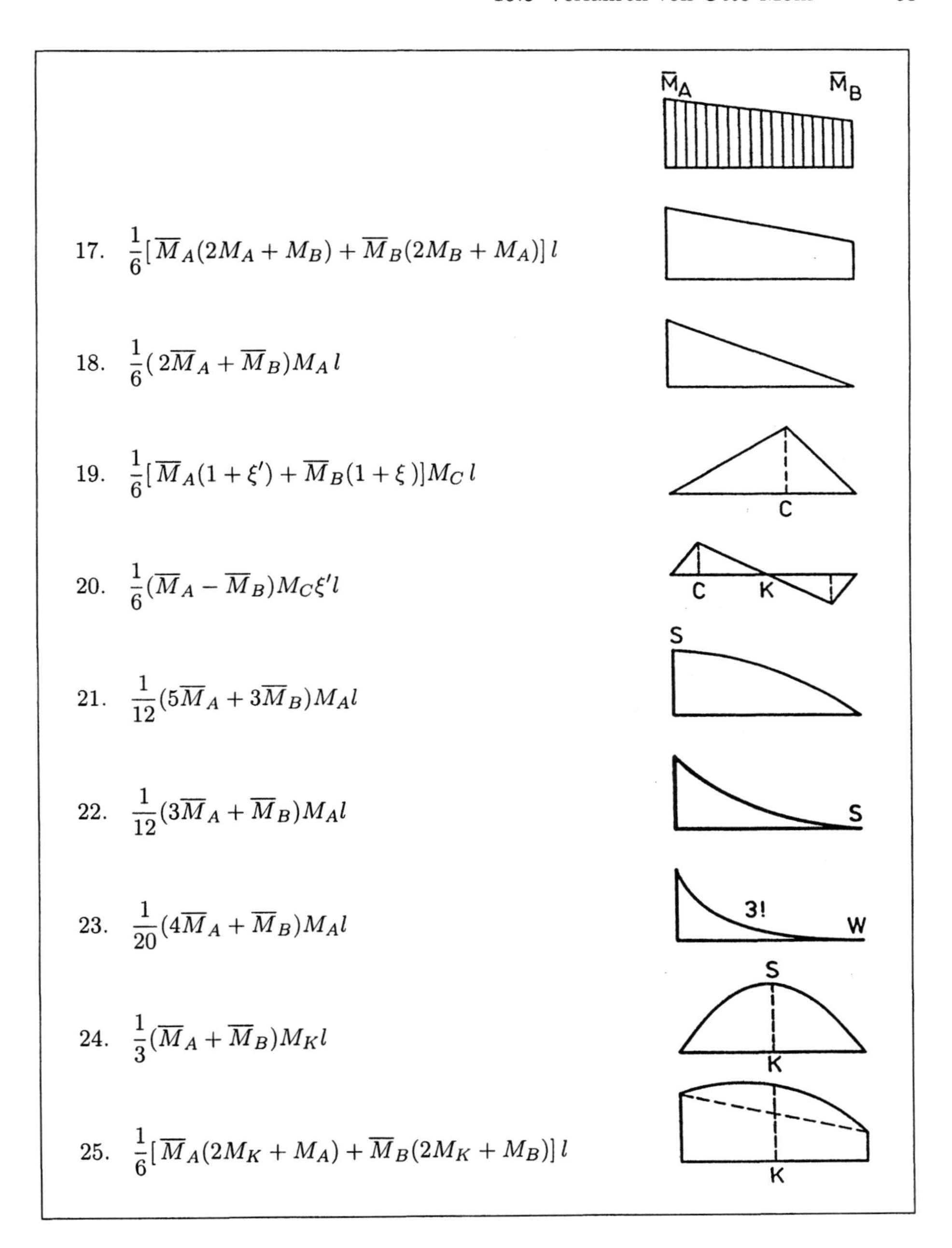

17.	$\frac{1}{6}[\overline{M}_A(2M_A + M_B) + \overline{M}_B(2M_B + M_A)]\,l$
18.	$\frac{1}{6}(2\overline{M}_A + \overline{M}_B)M_A\,l$
19.	$\frac{1}{6}[\overline{M}_A(1 + \xi') + \overline{M}_B(1 + \xi)]M_C\,l$
20.	$\frac{1}{6}(\overline{M}_A - \overline{M}_B)M_C\xi' l$
21.	$\frac{1}{12}(5\overline{M}_A + 3\overline{M}_B)M_A l$
22.	$\frac{1}{12}(3\overline{M}_A + \overline{M}_B)M_A l$
23.	$\frac{1}{20}(4\overline{M}_A + \overline{M}_B)M_A l$
24.	$\frac{1}{3}(\overline{M}_A + \overline{M}_B)M_K l$
25.	$\frac{1}{6}[\overline{M}_A(2M_K + M_A) + \overline{M}_B(2M_K + M_B)]\,l$

Tafel 2: Werte der Integrale $\int M(z)\overline{M}(z)\,\mathrm{d}z$ (Fortsetzung)

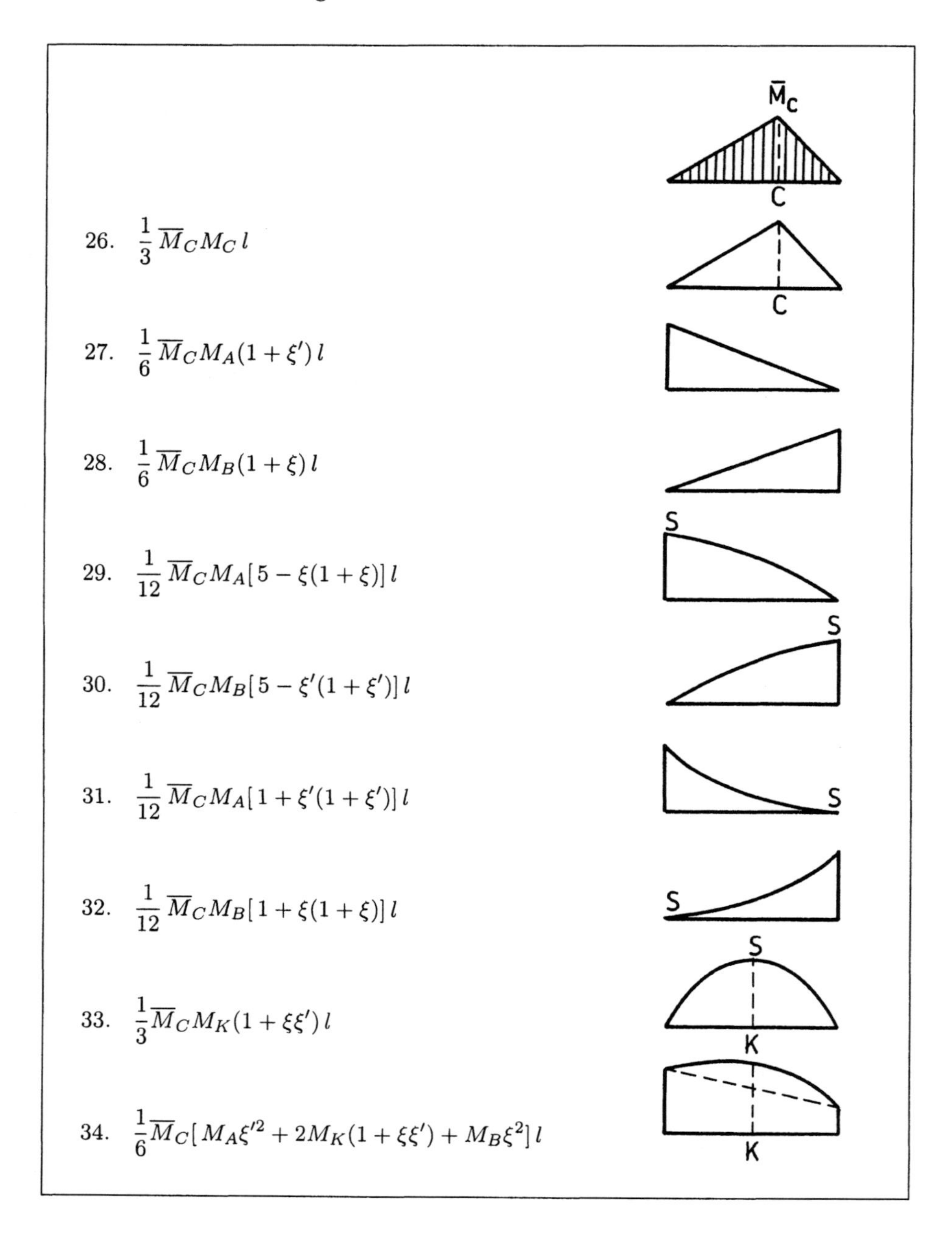

26. $\frac{1}{3}\,\overline{M}_C M_C\, l$

27. $\frac{1}{6}\,\overline{M}_C M_A(1+\xi')\, l$

28. $\frac{1}{6}\,\overline{M}_C M_B(1+\xi)\, l$

29. $\frac{1}{12}\,\overline{M}_C M_A[\,5-\xi(1+\xi)]\, l$

30. $\frac{1}{12}\,\overline{M}_C M_B[\,5-\xi'(1+\xi')]\, l$

31. $\frac{1}{12}\,\overline{M}_C M_A[\,1+\xi'(1+\xi')]\, l$

32. $\frac{1}{12}\,\overline{M}_C M_B[\,1+\xi(1+\xi)]\, l$

33. $\frac{1}{3}\overline{M}_C M_K(1+\xi\xi')\, l$

34. $\frac{1}{6}\overline{M}_C[\,M_A\xi'^2+2M_K(1+\xi\xi')+M_B\xi^2]\, l$

Tafel 2: Werte der Integrale $\int M(z)\overline{M}(z)\,\mathrm{d}z$ (Fortsetzung)

16 Festigkeitshypothesen

Nicht immer treten Längsspannungen bei Biegeträgern und Schubspannungen bei Torsionsstäben getrennt auf und können demzufolge jede für sich einem Spannungsnachweis unterzogen werden. Es gibt eine Reihe von Belastungszuständen, bei denen sowohl Längs- als auch Schubspannungen vorhanden sind. Diese zusammen zu bewerten, ist der Inhalt von verschiedenen *Festigkeitshypothesen*, denen ingenieurgemäße Betrachtungen zugrunde liegen, wobei jede für sich auf ganz bestimmte Werkstoffe und deren Bruchverhalten anzuwenden ist. Alle Festigkeitshypothesen geben eine Vorschrift zur Berechnung einer *Vergleichsspannung* σ_V an, die mit der Spannung eines eindimensionalen Längsspannungszustandes verglichen wird und diese auch als Sonderfall liefern muss.

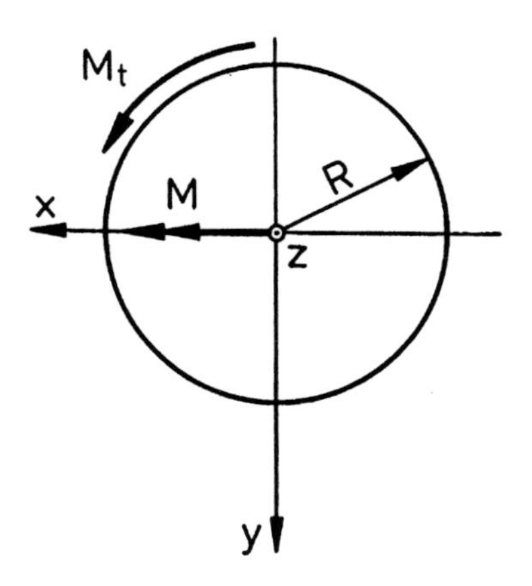

Abbildung 61: Zusammengesetzte Trägerbeanspruchung

Im Rahmen dieser verkürzten Darstellung erwähnen wir die *Schubspannungshypothese* von COULOMB und MOHR, nach der für das Versagen eines Bauteils die maximale Schubspannung verantwortlich ist, und die *Gestaltänderungsenergiehypothese* nach MAXIMILIAN TITUS HUBER (1872 – 1950), RICHARD EDLER V. MISES (1883 – 1953) und HEINRICH HENCKY (1885 – 1951). Für den Sonderfall der Biegung mit Längskraft und Torsion erhalten wir die Vergleichsspannung nach

COULOMB/MOHR

$$\sigma_{VS} = \sqrt{\sigma^2 + 4\,\tau^2}\ ,$$

HUBER/HENCKY/V. MISES

$$\sigma_{VG} = \sqrt{\sigma^2 + 3\,\tau^2}\ .$$

Als Beispiel betrachten wir einen Träger mit Kreisquerschnitt, der durch ein Biegemoment M und ein Torsionsmoment M_t belastet wird (Abb. 61). Mit den Beziehungen

$$\sigma_{\max} = \frac{MR}{I_{xx}}\ ; \quad \tau_{\max} = \frac{M_t R}{I_p}\ ,$$

$$I_{xx} = \frac{\pi R^4}{4}\ ; \quad I_p = \frac{\pi R^4}{2}$$

berechnen wir die Vergleichsspannungen

$$\sigma_{VS} = \sqrt{(\frac{MR4}{\pi R^4})^2 + 4\,(\frac{M_t R2}{\pi R^4})^2} = \frac{4}{\pi R^3}\sqrt{M^2 + M_t^2}\ ,$$

$$\sigma_{VG} = \sqrt{(\frac{MR4}{\pi R^4})^2 + 3\,(\frac{M_t R2}{\pi R^4})^2} = \frac{4}{\pi R^3}\sqrt{M^2 + \frac{3}{4}M_t^2}\ .$$

17 Knicken

17.1 Eulersche Knickfälle

Bei einer Laststeigerung zeigt ein auf Druck beanspruchter schlanker Stab mit der Querschnittsfläche A gegenüber einem gedrungenen Stab ein völlig anderes Verhalten. Es besteht die Gefahr, dass bei einer bestimmten Kraft F_K, deren Größe von den Abmessungen und der Lagerung des Stabes sowie dessen Werkstoff abhängt, ein plötzliches seitliches Ausweichen des Stabes eintritt. Eine solche Erscheinung nennt man *Knicken*. Die Druckkraft F_K, bei der dieser Effekt möglich ist, heißt *Knickkraft*, und die zugehörige Spannung

$$\sigma_K = \frac{F_K}{A}$$

wird als *Knickspannung* bezeichnet.

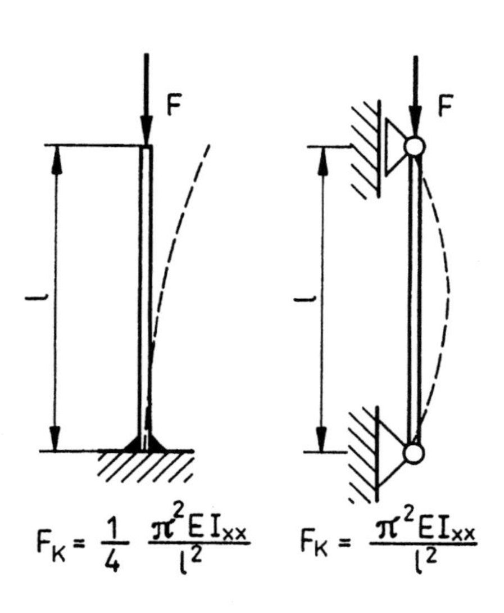

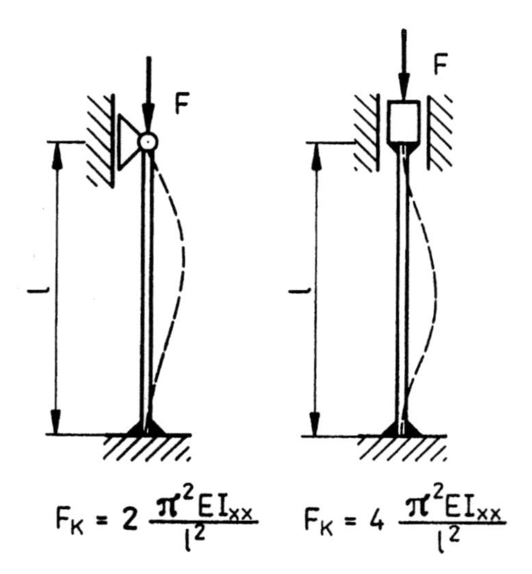

Abbildung 62: EULERsche Knickfälle

(Die Knickspannung ist natürlich eine Druckspannung, aber um nicht immer das Minuszeichen schreiben zu müssen, erhält die Druckkraft F_K bei Knickuntersuchungen ein positives Vorzeichen.)

Für die Ermittlung dieser Knickkraft reicht unser bisheriges Vorgehen, die notwendigen Gleichgewichtsbedingungen am *undeformierten* Tragwerk aufzustellen (Theorie erster Ordnung), nicht mehr aus. Wir müssen vielmehr alle Untersuchungen am *deformierten* Stab durchführen und sprechen dann, wenn es trotzdem bei kleinen Deformationen bleiben soll, von einer Theorie zweiter Ordnung.

Mathematisch gesehen ist die Berechnung der Knickkraft ein sogenanntes *Eigenwertproblem*, das eine *Eigenwert-*

gleichung liefert, deren Lösung – der *Eigenwert* – die gesuchte Knickkraft ergibt. Da die Größe der Knickkraft in starkem Maße von der Lagerung des *Knickstabes* abhängt, unterscheidet man nach LEONHARD EULER vier EULERsche Knickfälle (Abb. 62).

Alle vier Resultate können wir in einer Formel

$$F_K = \frac{\pi^2 E I_{xx}}{{l_K}^2}$$

zusammenfassen, wenn wir unter l_K die *Knicklängen*

$$l_K = 2\,l\,;\; l_K = l\,;\; l_K = l/\sqrt{2}\,;\; l_K = 0{,}5\,l$$

der vier EULER-*Fälle* verstehen.

Mit einem *Knicksicherheitsbeiwert* S_K erhalten wir dann die zulässige kleinste Knickkraft

$$F_{K,\mathrm{zul}} = \frac{\pi^2 E I_{\min}}{{l_K}^2 S_K}\,.$$

Von den einer Fläche zugehörigen axialen Flächenmomenten 2. Grades müssen wir natürlich das kleinere ($I_{\min}$) zur Berechnung der zulässigen Knickkraft wählen, es sei denn, die Richtung des möglichen Ausknickens ist – z. B. durch begrenzendes Mauerwerk – so vorgeschrieben, dass ein anderes Flächenmoment 2. Grades für die Knickformel in Frage kommt. Normalerweise wird der Druckstab immer senkrecht zu der Achse ausknicken, bezüglich welcher der Stabquerschnitt das kleinste axiale Flächenmoment 2. Grades hat.

17.2 Gültigkeit der Ergebnisse

In den bisherigen Betrachtungen wurde die Gültigkeit des HOOKEschen Gesetzes vorausgesetzt. Daher sind die ermittelten Knickkräfte nur solange richtig, wie die Knickspannung

$$\sigma_K = \frac{F_K}{A} = \frac{\pi^2 E I_{\min}}{A\,{l_K}^2}$$

innerhalb des Proportionalbereiches der Druckspannungen liegt. Es muss also

$$\sigma_K \le |\sigma_P|$$

sein. Mit dem *Trägheitsradius* $i_{\min}$ und dem *Schlankheitsgrad* λ

$$i_{\min} = \sqrt{\frac{I_{\min}}{A}} \quad ; \quad \lambda = \frac{l_K}{i_{\min}}$$

erhalten wir die Beziehung

$$\sigma_K(\lambda) = \frac{\pi^2 E}{\lambda^2} \le |\sigma_P|\,,$$

oder nach dem Schlankheitsgrad aufgelöst,

$$\lambda \ge \pi \sqrt{\frac{E}{|\sigma_P|}} = \lambda_P\,.$$

Danach dürfen die Knickkräfte F_K eines auf Druck beanspruchten Stabes nur dann mittels der EULERschen Formel berechnet werden, wenn der Schlankheitsgrad dieses Stabes größer als der *Grenzschlankheitsgrad* λ_P ist. Diesen Sachverhalt machen wir leicht überschaubar, wenn wir in einem *Knickspannungsdiagramm* die Knickspannung

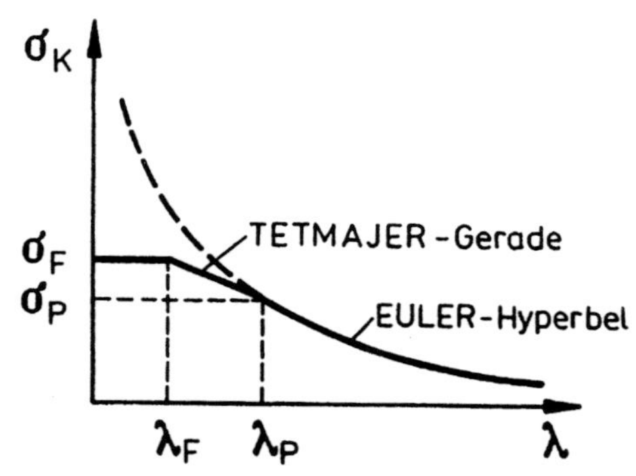

Abbildung 63: EULER-Hyperbel und TETMAJER-Gerade

σ_K über dem Schlankheitsgrad λ auftragen (Abb. 63).

Bei Stäben, deren Schlankheitsgrad in den Grenzen $0 < \lambda < \lambda_P$ liegt, gelten die EULERschen Betrachtungen nicht. Für diese Fälle hat LUDWIG TETMAJER (1850 – 1905) durch Versuche festgestellt, dass man den Verlauf der Knickspannung für $\lambda_F < \lambda \leq \lambda_P$ als Funktion von λ näherungsweise durch die Gerade

$$\sigma_K(\lambda) = |\sigma_F| - \sigma_T(\lambda - \lambda_F), \quad \lambda_F < \lambda \leq \lambda_P,$$

die sogenannte TETMAJER-*Gerade*, ausdrücken kann. Hierin bedeuten σ_F die Fließgrenze (Fließspannung) des Werkstoffes,

$$\sigma_T = \frac{|\sigma_F| - |\sigma_P|}{\lambda_P - \lambda_F}$$

und λ_F der zur Fließgrenze gehörende Schlankheitsgrad. Lediglich für ein auf Druck beanspruchtes Bauelement, dessen Schlankheitsgrad im Intervall

$$0 < \lambda \leq \lambda_F$$

liegt, besteht keine Knickgefahr. Bei einem Baustahl ST 37-2 sind

$$E = 210000 \text{ N/mm}^2,$$
$$\sigma_F = -\ 240,0 \text{ N/mm}^2 \quad \text{und}$$
$$\sigma_P = -\ 207,3 \text{ N/mm}^2.$$

Damit erhält man den Grenzschlankheitsgrad $\lambda_P \approx 100$. Der Grenzschlankheitsgrad λ_F beträgt auf Grund von Versuchen $\lambda_F = 60$. Mit

$$\sigma_T = 0,8175 \text{ N/mm}^2$$

lautet die Funktion der TETMAJER-Geraden

$$\sigma_K(\lambda) = 240,0 - 0,8175(\lambda - 60) \text{ N/mm}^2 .$$

Nun können wir die Formeln für den Spannungsnachweis und die Tragfähigkeit eines Druckstabes zusammenstellen. Bei einem geforderten Sicherheitsbeiwert S_K ergibt sich als zulässige Druckspannung

$$\sigma_{K,\text{zul}}(\lambda) = \frac{\sigma_K(\lambda)}{S_K},$$

wobei die Knickspannung entweder nach EULER oder TETMAJER einzusetzen ist. Ein *Spannungsnachweis* hat der Ungleichung

$$\frac{F}{A} \leq \sigma_{K,\text{zul}}(\lambda) = \frac{\sigma_K(\lambda)}{S_K} = \begin{cases} \dfrac{\pi^2 E}{S_K \lambda^2}; & \text{für} \quad \lambda_P \leq \lambda, \\[2ex] \dfrac{|\sigma_F| - \sigma_T(\lambda - \lambda_F)}{S_K}; & \text{für} \quad \lambda_F \leq \lambda \leq \lambda_P \end{cases}$$

und ein *Tragfähigkeitsnachweis* der Ungleichung

$$F_{K,\text{zul}} \leq A\,\sigma_{K,\text{zul}}(\lambda) = A\,\frac{\sigma_K(\lambda)}{S_K}$$
$$= \begin{cases} \dfrac{\pi^2 EA}{S_K \lambda^2}\,; \\ \qquad \text{für} \quad \lambda_P \leq \lambda\,, \\ \dfrac{[\,|\,\sigma_F\,| - \sigma_T(\lambda - \lambda_F)]A}{S_K}\,; \\ \qquad \text{für} \quad \lambda_F \leq \lambda \leq \lambda_P \end{cases}$$

zu genügen.

Eine *Bemessungsformel* kann man im allgemeinen nur im Falle des elastischen Knickens ableiten. Durch Auflösen von

$$F \leq \frac{F_K}{S_K} = \frac{\pi^2 E I_{\text{min}}}{{l_K}^2 S_K}$$

nach I_{min} erhält man

$$I_{\text{min, erf}} \geq \frac{F{l_K}^2 S_K}{\pi^2 E}\,.$$

Ist eine direkte Bemessung nach der EULERschen Formel nicht erlaubt, so wird man trotzdem nach obiger Formel bemessen und einen Spannungsnachweis nach TETMAJER anschließen. Eventuell muss dann der Querschnitt etwas größer gewählt werden.

Eine Stütze [St 37-2, Kreisquerschnitt, Druckkraft $F = 500,0$ kN, $l = 3,5$ m, 3. EULER-*Fall* (Knicklänge $l_K = l/\sqrt{2}$), $S_K = 6$] soll dimensioniert werden.

Nach EULER erhält man den Radius aus

$$I_{\text{min,erf}} = I_{\text{xx,erf}} = \frac{\pi {R_{\text{erf}}}^4}{4} \geq \frac{F{l_K}^2 S_K}{\pi^2 E}$$
$$= \frac{500,0 \cdot 10^3\, 3,5^2\, 10^4\, 6}{2\,\pi^2\, 2,1 \cdot 10^5\, 10^2} = 886,56 \text{ cm}^4$$
$$\rightarrow \quad R_{\text{erf}} \geq \sqrt[4]{\frac{4 \cdot 886,56}{\pi}} = 5,8 \text{ cm}\,.$$

Wir wählen $R = 5,8$ cm. Damit folgen

$$i = \sqrt{\frac{I_{\text{xx}}}{A}} = \sqrt{\frac{\pi R^4}{4\pi R^2}} = \frac{R}{2} = 2,9 \text{ cm}\,,$$
$$\lambda = \frac{l_K}{i} = \frac{350,0}{\sqrt{2} \cdot 2,9} = 85,34 < 100\,.$$

Spannungsnachweis nach TETMAJER:

$$\frac{F}{A} = \frac{F}{\pi R^2} = \frac{500,0 \cdot 10^3}{\pi\, 5,8^2 \cdot 10^2} = 47,3 \text{ N/mm}^2$$

ist größer als die zulässige Spannung

$$\sigma_{\text{K,zul}} = \frac{1}{6}[240,0 - 0,8175(85,34 - 60)]$$
$$= 36,55 \text{ N/mm}^2\,.$$

Wir wählen erneut $R = 6,5$ cm und berechnen mit $A = 132,7 \text{ cm}^2$ die Werte

$$i = \frac{R}{2} = 3,25 \text{ cm und } \lambda = 76,15 < 100\,.$$

Die jetzt vorliegende Stabspannung

$$\frac{F}{A} = \frac{500,0 \cdot 10^3}{\pi\, 6,5^2 \cdot 10^2} = 37,77 \text{ N/mm}^2$$

ist kleiner als die zulässige

$$\sigma_{\text{K,zul}} = \frac{1}{6}[240,0 - 0,8175(76,15 - 60)]$$
$$= 37,8 \text{ N/mm}^2\,.$$

Kinematik und Kinetik

18 Kinematik der Punktmasse

18.1 Vorbemerkungen

Im dritten Teil der Starthilfe zur Technischen Mechanik wollen wir einen stark gekürzten Einblick in die *Kinematik und Kinetik* geben. Dabei sei darauf hingewiesen, dass wesentliche Teile dieses so umfangreichen Stoffgebietes in der „Starthilfe Physik“ [2] behandelt werden und wir uns deshalb in einigen Abschnitten mit einer zusammengefassten Darstellung begnügen bzw. nur das neu Hinzugefügte etwas näher erläutern werden. Zu berücksichtigen ist auch, dass in den Lehrplänen der meisten ingenieurtechnischen Studiengänge Lehrveranstaltungen, wie z. B. „Technische Schwingungslehre“, „Höhere Dynamik“, „Maschinendynamik“, angeboten werden und die Verteilung des Lehrstoffes von Hochschule zu Hochschule verschieden ist. Dies und der naturgemäß beschränkte Umfang einer „Starthilfe“ mögen als Begründung dafür dienen, wenn auf das eine oder andere Kapitel aus der Kinematik und Kinetik nur sehr kurz oder gar nicht eingegangen wird.

Bereits in der *Statik starrer Körper* hatten wir uns klar gemacht, dass man ein technisches Gebilde nicht so berechnen kann, wie es in Wirklichkeit vorhanden ist, sondern dass man es nach bestimmten Kriterien als Modell abbilden muss. (Wir erinnern: *„So einfach wie möglich, so kompliziert wie nötig!“*) Genauso verfahren wir in der Kinetik, da es z. B. ein Unterschied ist, ob die Bewegung eines Raumflugkörpers von der Erde aus beobachtet oder von der Besatzung selbst beschrieben wird. Daher ist es bei den uns interessierenden Untersuchungen in der Kinematik und Kinetik üblich, drei Modelle anzunehmen: Die *Punktmasse* (bzw. den *Massenpunkt*), das *Punktmassensystem* und den *starren Körper*. Unter einer *Punktmasse* versteht man einen mathematischen Punkt, dem eine endliche Masse zugeordnet wird, die Kopplung mehrerer Punktmassen führt auf ein *Punktmassensystem*, und schließlich ist der *starre Körper* ein Punktmassensystem, bei dem alle Punktmassen des Systems konstante Abstände voneinander haben.

18.2 Darstellung der Bewegung

Eine Punktmasse bewegt sich auf einer *Bahnkurve*. Ihre jeweilige Lage wird in einem orthogonalen kartesischen x, y, z-Koordinatensystem (mit den Einheitsvektoren $\boldsymbol{e_x}$, $\boldsymbol{e_y}$ und $\boldsymbol{e_z}$ in Richtung der Koordinatenachsen) durch einen *Ortsvektor* $\boldsymbol{r}$ beschrieben (Abb. 64). Mit den drei Komponenten r_x, r_y und r_z kann dieser entweder als Funktion der Zeit t oder als Funktion der Länge des durchlaufenen Weges $s(t)$ dargestellt werden:

$$\begin{aligned} \boldsymbol{r}(t) &= r_x(t)\boldsymbol{e_x} + r_y(t)\boldsymbol{e_y} + r_z(t)\boldsymbol{e_z}\,, \\ \boldsymbol{r}(s) &= r_x(s)\boldsymbol{e_x} + r_y(s)\boldsymbol{e_y} + r_z(s)\boldsymbol{e_z}\,. \end{aligned}$$

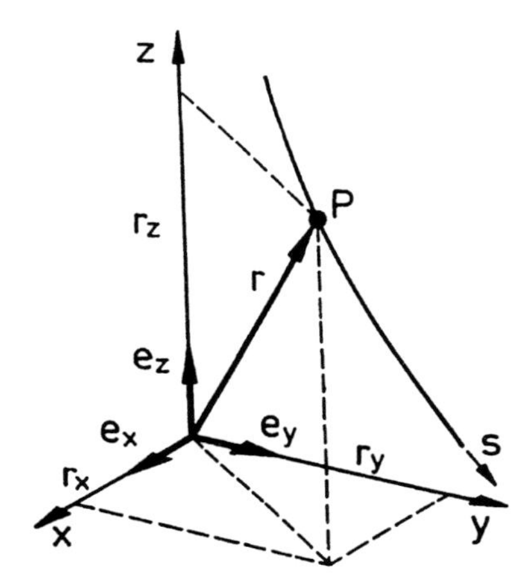

Abbildung 64: Ortsvektor und Bahnkurve

Dürfen alle drei Komponenten r_x, r_y und r_z voneinander unabhängige Werte annehmen, dann besitzt die Punktmasse den Freiheitsgrad $f = 3$. Mit anderen Worten: Man benötigt 3 Angaben, um die Lage der Punktmasse *eindeutig* im Raum beschreiben zu können.

Den *Geschwindigkeitsvektor* erhalten wir durch Differentiation des Ortsvektors nach der Zeit t in der Form

$$\begin{aligned} \boldsymbol{v}(t) &= \frac{\mathrm{d}\boldsymbol{r}(t)}{\mathrm{d}t} \\ &= \dot{r}_x(t)\boldsymbol{e_x} + \dot{r}_y(t)\boldsymbol{e_y} + \dot{r}_z(t)\boldsymbol{e_z} \end{aligned}$$

bzw. in einer anderen Schreibweise

$$\boldsymbol{v}(t) = \frac{\mathrm{d}\boldsymbol{r}}{\mathrm{d}s} \cdot \frac{\mathrm{d}s}{\mathrm{d}t} = v(t)\boldsymbol{e_t}(t)\,.$$

Dabei sind $v(t) = \mathrm{d}s/\mathrm{d}t$ die *Bahngeschwindigkeit* und $\boldsymbol{e_t} = \mathrm{d}\boldsymbol{r}/\mathrm{d}s$ der *Tangenteneinheitsvektor* an die Bahnkurve.

Durch nochmaliges Differenzieren folgt der *Beschleunigungsvektor* ebenfalls in zwei Darstellungsarten

$$\begin{aligned} \boldsymbol{a}(t) &= \frac{\mathrm{d}^2\boldsymbol{r}(t)}{\mathrm{d}t^2} \\ &= \ddot{r}_x(t)\boldsymbol{e_x} + \ddot{r}_y(t)\boldsymbol{e_y} + \ddot{r}_z(t)\boldsymbol{e_z}\,, \end{aligned}$$

$$\boldsymbol{a}(t) = \dot{v}(t)\boldsymbol{e_t}(t) + \frac{v(t)^2}{\varrho(t)}\boldsymbol{e_n}(t)$$

mit dem *Krümmungsradius* $\varrho(t)$ der Bahnkurve und dem *Hauptnormaleneinheitsvektor* $\boldsymbol{e_n} = \varrho\ \mathrm{d}\boldsymbol{e_t}/\mathrm{d}s$. Man erkennt, dass der Geschwindigkeitsvektor immer die Richtung der Tangente an die Bahnkurve hat, während sich der Beschleunigungsvektor aus einer *Tangentialbeschleunigung* mit dem Betrag $a_t(t) = \dot{v}(t)$ in Richtung der Bahntangente und aus einer *Normalbeschleunigung* mit dem Betrag $a_n(t) = v(t)^2/\varrho(t)$ senkrecht zu der Bahnkurve zusammensetzt. (Bitte prägen Sie sich ein: Die Normalbeschleunigung ist *immer zum Krümmungsmittelpunkt der Bahnkurve hin* gerichtet!) Demnach ist zum Beispiel eine Bewegung auf einer gekrümmten Bahn mit konstanter Bahngeschwindigkeit $v(t) =$ konst. stets eine beschleunigte Bewegung, da zwar wegen $\dot{v}(t) = 0$ die Tangentialbeschleunigung verschwindet, es aber trotzdem eine Normalbeschleunigung gibt.

Als Sonderfälle vorstehender Gleichungen leitet man ohne größere Schwierigkeiten entsprechende Beziehungen für die geradlinige Bewegung (vgl. kinematische Grundaufgabe) und die Kreisbewegung (siehe „Starthilfe Physik“ [2]) ab.

Bei einer Bewegung auf einem Kreis mit $\varrho = r$ =konst. erhält man mit dem Winkel φ und dem zurückgelegten Weg s auf dem Kreisbogen

$$\begin{aligned} s(t) &= r\,\varphi(t)\,, \\ v(t) &= \dot{s}(t) \\ &= r\,\dot{\varphi}(t) = r\,\omega(t)\,, \\ a_t(t) &= \ddot{s}(t) \\ &= r\,\ddot{\varphi}(t) = r\,\alpha(t)\,. \end{aligned}$$

Mit $\omega(t)$ bezeichnet man die *Winkelgeschwindigkeit* und mit $\alpha(t) = \dot{\omega}(t)$ die *Winkelbeschleunigung*. Weitere charakteristische Größen bei einer Kreisbewegung sind die

Umlaufzeit:	$T = 2\pi/\omega\,,$
Kreisfrequenz:	$\omega = 2\pi/T\,,$
Frequenz:	$f = 1/T = \omega/2\pi\,,$
Drehzahl:	$n = 30\,\omega/\pi \quad \text{s/min}\,.$

Einheit des Weges:
$[s] = 1$ m,
Einheit der Geschwindigkeit:
$[v] = 1$ m/s,
Einheit der Beschleunigung:
$[a] = 1$ m/s^2,
Einheit der Winkelgeschwindigkeit:
$[\omega] = 1$ 1/s,
Einheit der Winkelbeschleunigung:
$[\alpha] = 1$ 1/s^2.

Weiterführende Stoffgebiete: Phasenporträt, Hodografen-Kurve, Geschwindigkeit und Beschleunigungen in krummlinigen Koordinaten, Flächengeschwindigkeit, kinematische Beziehungen in einem bewegten Bezugssystem (CORIOLIS-Beschleunigung).

18.3 Kinematische Grundaufgaben

Als *kinematische Grundaufgaben* werden die gegenseitigen Überführungen der kinematischen Größen Zeit t, Weg s, Geschwindigkeit v und Beschleunigung $a_t = a$ bei einer geradlinigen Bewegung ($\varrho \to \infty$) bezeichnet. Dies geschieht teils durch Differentiationen, teils durch Integrationen. Die dabei möglichen funktionellen Abhängigkeiten finden Sie in der Tabelle 3.

	t	s	v	a
t	–	$t(s)$	$t(v)$	$t(a)$
s	$s(t)$	–	$s(v)$	$s(a)$
v	$v(t)$	$v(s)$	–	$v(a)$
a	$a(t)$	$a(s)$	$a(v)$	–

Tabelle 3: Kinematische Größen

Die Lösungen der kinematischen Grundaufgaben sind zum Teil etwas schwierig und manchmal nur mit mathematischen „Kniffen" (z. B. Erweiterungen im Zähler und Nenner) zu finden. In den nachstehenden Formeln sind für einige Fälle die gegebenen und die daraus berechneten kinematischen Funktionen zusammengestellt.

Gegeben: $s(t)$
Berechnet:

$$v(t) = \frac{\mathrm{d}s(t)}{\mathrm{d}t}\,, \quad a(t) = \frac{\mathrm{d}^2 s(t)}{\mathrm{d}t^2}\,;$$

Gegeben: $v(t)$
Berechnet:

$$s(t) = s_o + \int_{t_o}^{t} v(\bar{t})\,\mathrm{d}\bar{t}\,,$$

$$a(t) = \frac{\mathrm{d}v(t)}{\mathrm{d}t}\,;$$

Gegeben: $a(t)$
Berechnet:

$$v(t) = v_o + \int_{t_o}^{t} a(\bar{t})\,\mathrm{d}\bar{t},$$

$$s(t) = s_o + \int_{t_o}^{t} [v_o + \int_{t_o}^{\bar{t}} a(\hat{t})\,\mathrm{d}\hat{t}]\,\mathrm{d}\bar{t};$$

Gegeben: $t(s)$
Berechnet:

$$v(s) = \frac{1}{\mathrm{d}t(s)/\mathrm{d}s},$$

$$a(s) = \frac{1}{\mathrm{d}t(s)/\mathrm{d}s}\,\frac{\mathrm{d}}{\mathrm{d}s}[\frac{1}{\mathrm{d}t(s)/\mathrm{d}s}];$$

Gegeben: $v(s)$
Berechnet:

$$a(s) = v(s)\,\frac{\mathrm{d}v(s)}{\mathrm{d}s},$$

$$t(s) = t_o + \int_{s_o}^{s} \frac{\mathrm{d}\bar{s}}{v(\bar{s})};$$

Gegeben: $a(s)$
Berechnet:

$$v(s) = \sqrt{{v_o}^2 + 2\int_{s_o}^{s} a(\bar{s})\,\mathrm{d}\bar{s}},$$

$$t(s) = t_o + \int_{s_o}^{s} \frac{\mathrm{d}\bar{s}}{\sqrt{{v_o}^2 + 2\int_{s_o}^{\bar{s}} a(\hat{s})\,\mathrm{d}\hat{s}}};$$

Gegeben: $s(v)$
Berechnet:

$$a(v) = \frac{v}{\mathrm{d}s(v)/\mathrm{d}v},$$

$$t(v) = t_o + \int_{v_o}^{v} \frac{1}{\bar{v}}\,\frac{\mathrm{d}s(\bar{v})}{\mathrm{d}\bar{v}}\,\mathrm{d}\bar{v};$$

Gegeben: $a(v)$, Berechnet:

$$t(v) = t_o + \int_{v_o}^{v} \frac{\mathrm{d}\bar{v}}{a(\bar{v})},$$

$$s(v) = s_o + \int_{v_o}^{v} \frac{\bar{v}\,\mathrm{d}\bar{v}}{a(\bar{v})};$$

Gegeben: $t(v)$, Berechnet:

$$s(v) = s_o + \int_{v_o}^{v} \bar{v}\,\frac{\mathrm{d}t(\bar{v})}{\mathrm{d}\bar{v}}\,\mathrm{d}\bar{v},$$

$$a(v) = \frac{1}{\mathrm{d}t(v)/\mathrm{d}v}.$$

19 Kinetik der Punktmasse

19.1 Dynamisches Grundgesetz

Bereits in der Statik hatten wir festgestellt, dass eine Kraft Ursache für die Bewegungsänderung und Formänderung von Körpern ist. Das von ISAAC NEWTON als zweites NEWTONsches Axiom formulierte *dynamische Grundgesetz* lautet in Vektorschreibweise

$$\boldsymbol{F} = \frac{\mathrm{d}}{\mathrm{d}t}(m\boldsymbol{v}) = \frac{\mathrm{d}\boldsymbol{p}}{\mathrm{d}t}$$

und in Worten:

Die Kraft ist gleich der zeitlichen Änderung des Impulses.

Dabei ist

$$\boldsymbol{p} = m\boldsymbol{v} = mv\,\frac{\boldsymbol{v}}{v} = p\,\frac{\boldsymbol{v}}{v}$$

der *Impulsvektor* (oder auch *Vektor der Bewegungsgröße*), der sich aus der Masse und dem Geschwindigkeitsvektor zusammensetzt. Ist die Masse konstant, so erhalten wir die spezielle Form des dynamischen Grundgesetzes

$$\boxed{\boldsymbol{F} = m\,\boldsymbol{a} = m\,\dot{\boldsymbol{v}} = m\,\ddot{\boldsymbol{r}}\,.}$$

(Erinnern Sie sich bitte, dass eine Vektorgleichung im dreidimensionalen kartesischen Koordinatensystem stellvertretend für drei Gleichungen steht. So ist die Gleichung $\boldsymbol{F} = m\boldsymbol{a}$ die Zusammenfassung der drei Gleichungen $F_x = ma_x$, $F_y = ma_y$ und $F_z = ma_z$.)

Bevor wir uns weiter mit der dynamischen Grundgleichung beschäftigen, wollen wir Kräfte betrachten, die in der Kinetik benötigt werden. Die *Schwerkraft* wirkt senkrecht zur Erdoberfläche (Annahme: Entgegen der z-Achse). Ihr Vektor und ihr Betrag sind

$$\boldsymbol{F_G} = -F_G\,\boldsymbol{e_z} \quad ; \quad F_G = mg \quad \rightarrow$$

$$\boxed{\boldsymbol{F_G} = -mg\,\boldsymbol{e_z}\,,}$$

wobei $g = 9{,}81\ \mathrm{m/s^2}$ die mittlere *Fallbeschleunigung* ist.

Als *Federkraft* wollen wir eine Kraft mit *linearer Federkennlinie* annehmen: Die Kraft soll der Federverlängerung s proportional sein. Bezeichnen wir den Verschiebungsvektor in Richtung der Federachse mit $\boldsymbol{s}$ (Abb. 65), dann ist $\boldsymbol{e_s} = \boldsymbol{s}/s$ ein Einheitsvektor in Richtung der Federachse, und die der Federverlängerung entgegen gerichtete Federkraft folgt mit der *Federkonstanten (Krafteinflusszahl)* k zu

$$\boldsymbol{F_F} = -F_F\,\boldsymbol{e_s} \quad ; \quad F_F = ks \quad \rightarrow$$

Abbildung 65: Federverlängerung

$$\boxed{\boldsymbol{F_F} = -k\,\boldsymbol{s}\,.}$$

Als dritte Kraft betrachten wir die *Reibungskraft* (oder auch *Dämpfungskraft*), die wir als COULOMBsche Reibungskraft bereits in der Statik starrer Körper kennengelernt hatten. Anders als die Federkraft ist die Richtung der Reibungskraft nicht von der Verschiebung, sondern von der Geschwindigkeitsrichtung abhängig: *Sie wirkt immer entgegengesetzt zur Geschwindigkeitsrichtung!* In vektorieller Schreibweise ergibt sich mit der *Dämpfungskonstanten* b und dem in Geschwindigkeitsrichtung orientierten Einheitsvektor $\boldsymbol{e_v} = \boldsymbol{v}/v$

$$\boldsymbol{F_W} = -F_W\,\boldsymbol{e_v} \quad ; \quad F_W = bv \quad \rightarrow$$

$$\boxed{\boldsymbol{F_W} = -b\,\boldsymbol{v}\,.}$$

Wir nehmen jetzt also an, dass der Betrag der Reibungskraft im Gegensatz zur COULOMBschen Reibung nicht konstant, sondern nach einem Vorschlag von GEORGE GABRIEL STOKES (1819 – 1903) proportional zur Geschwindigkeit ist (STOKES*sche Reibung*). Das hat nicht nur mathematische Vorteile, sondern stimmt – glücklicherweise – auch für die meisten Probleme in der Technischen Mechanik ausreichend genau mit der Wirklichkeit überein.

Einheit des Impulses:
$[p] = 1$ kg m/s $= 1$ Ns,
Einheit der Masse:
$[m] = 1$ kg,
Einheit der Federkonstanten (Krafteinflusszahl):
$[k] = 1$ N/cm,
Einheit der Dämpfungskonstanten:
$[b] = 1$ Ns/m.

Weiterführende Stoffgebiete: Schiefer Wurf, freier Fall, Bewegung mit Luftwiderstand.

19.2 Impulssatz

Aus dem dynamischen Grundgesetz in allgemeiner Form $\boldsymbol{F} = \mathrm{d}(m\boldsymbol{v})/\mathrm{d}t$ können wir eine Reihe weiterer Gesetzmäßigkeiten gewinnen. Zunächst integrieren wir das dynamische Grundgesetz zwischen zwei Zeitpunkten t_0 und t_1 über die Zeit und erhalten den *Impulssatz*.
Er lautet in Worten:

> *Das Zeitintegral der Kraft ist gleich der Differenz der Impulse*

und als Formel

$$\int_{t_0}^{t_1} \boldsymbol{F}\,\mathrm{d}t = \boldsymbol{p}_1 - \boldsymbol{p}_0 = (m\boldsymbol{v})_1 - (m\boldsymbol{v})_0 \,.$$

Ist die Kraft Null, dann geht der Impulssatz in den *Impulserhaltungssatz*

$$(m\boldsymbol{v})_1 - (m\boldsymbol{v})_0 = \boldsymbol{0}$$

bzw.

$$(m\boldsymbol{v})_1 = (m\boldsymbol{v})_0 = \text{konst.}$$

über.

19.3 Arbeit, Energie, Leistung

Als weitere Folge aus dem dynamischen Grundgesetz leitet man für $m =$ konst. den *Arbeitssatz* ab. Wird eine Punktmasse m auf einer durch den Ortsvektor $\boldsymbol{r}$ festgelegten Bahnkurve durch eine Kraft $\boldsymbol{F}$ bewegt (Abb. 66), so verrichtet diese Kraft auf einem differentiellen Wegstück $\mathrm{d}\boldsymbol{r}$ die ebenfalls differentielle Arbeit $\mathrm{d}W = \boldsymbol{F}\,\mathrm{d}\boldsymbol{r} = F\,\mathrm{d}r\cos\alpha$.

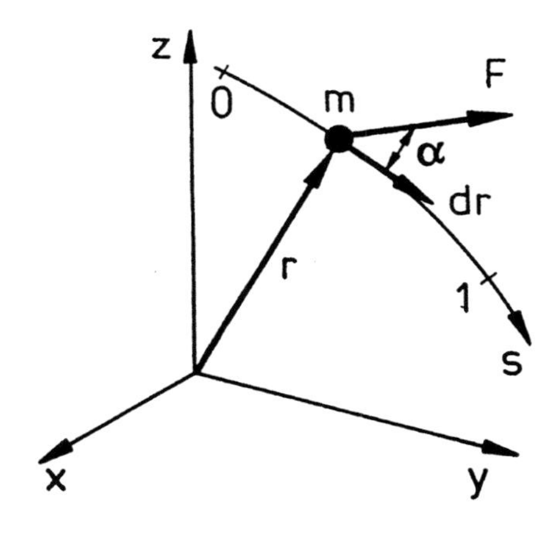

Abbildung 66: Differentielle Arbeit einer Kraft

Mit der *kinetischen Energie*

$$E_{\mathrm{kin}} = \frac{1}{2} m v^2$$

ergibt sich nach Integration zwischen zwei Ortspunkten s_0 und s_1 der *Arbeitssatz*

$$W = \int_{s_0}^{s_1} \boldsymbol{F}\,\mathrm{d}\boldsymbol{r} = E_{\mathrm{kin},1} - E_{\mathrm{kin},0} \,.$$

Er lautet:

> *Das Wegintegral der Kraft ist gleich der Differenz der kinetischen Energien.*

Da der Kraftvektor $\boldsymbol{F}$ natürlich an jedem Punkt des dreidimensionalen Raumes ein anderer sein kann [$\boldsymbol{F}(\boldsymbol{r}) = \boldsymbol{F}(x, y, z)$ nennt man ein *Kraftfeld*], wird das Wegintegral von s_0 nach s_1 entscheidend von der Form des zurückgelegten Weges abhängen, das heißt also, dass bei bekannter kinetischer Energie $E_{\text{kin},0}$ an der Stelle s_o die Endenergie $E_{\text{kin},1}$ und damit die Endgeschwindigkeit v_1 je nach der Wegform verschieden groß sein können. Wir werden auf diese Tatsache im nächsten Abschnitt zurückkommen.

Unter *Leistung* versteht man die Arbeit pro Zeiteinheit. Wenn also eine *Kraft* eine Arbeit verrichtet, dann ist ihre Leistung

$$\boxed{P = \frac{\mathrm{d}W}{\mathrm{d}t} = \boldsymbol{F}\,\boldsymbol{v}\,,}$$

und entsprechend erhält man die Leistung eines *Drehmomentes*

$$\boxed{P = \frac{\mathrm{d}W}{\mathrm{d}t} = \boldsymbol{M}\,\boldsymbol{\omega}\,.}$$

Dabei ist $\boldsymbol{\omega}$ der *Vektor der Winkelgeschwindigkeit* mit der Winkelgeschwindigkeit ω als Betrag.

Einheit der Arbeit:
$[W] = 1$ Nm $= 1$ Joule (J),
Einheit der kinetischen Energie:
$[E_{\text{kin}}] = 1$ Nm $= 1$ Joule (J),
Einheit der Leistung:
$[P] = 1$ Nm/s $= 1$ J/s $= 1$ Watt (W).

19.4 Konservative Kraftfelder

Wir hatten bereits festgestellt, dass bei beliebigen Kraftfeldern die verrichtete Arbeit zwischen einem Anfangs- und einem Endpunkt von der Form des zurückgelegten Weges abhängt. Nur für ganz spezielle Kraftfelder, die *konservativen Kraftfelder*, ist das nicht der Fall. Die Bedingung für diese Eigenschaft solcher Kraftfelder besteht darin, dass sich die Komponenten der natürlich auch vom Ort abhängigen Kräfte durch partielle Differentiation einer Funktion, der *Potentialfunktion* oder auch *potentiellen Energie* $E_{\text{pot}}(x, y, z)$, berechnen lassen. Es muss also gelten

$$\boxed{\begin{aligned} F_x &= -\frac{\partial E_{\text{pot}}}{\partial x}\,, \\ F_y &= -\frac{\partial E_{\text{pot}}}{\partial y}\,, \\ F_z &= -\frac{\partial E_{\text{pot}}}{\partial z}\,. \end{aligned}}$$

Derartige konservative Kraftfelder sind zum Beispiel:
Das Schwerefeld der Erde:

$$E_{\text{pot}} = mgz + c\,,$$

das Kraftfeld der Federkraft:

$$E_{\text{pot}} = \tfrac{1}{2}\,ks^2\,.$$

Während die potentielle Energie im Schwerefeld der Erde positiv, negativ oder auch Null sein kann (c ist eine Konstante), ist die potentielle Energie einer Feder *immer* positiv (oder Null).

(Beachten Sie bitte: Die Reibungskraft ist *keine* konservative Kraft, da sie nicht nur vom Ort, sondern wegen ihres Richtungssinns – immer entgegensetzt zu $\boldsymbol{v}$ – auch vom Geschwindigkeitzustand abhängt.)

Für konservative Kraftfelder folgt aus dem Arbeitssatz der *Energieerhaltungssatz der Mechanik*:

> *Bei der Bewegung einer Punktmasse zwischen zwei Punkten s_0 und s_1 ist die Summe aus kinetischer und potentieller Energie konstant.*

Es gilt also

$$E_{\text{kin},0} + E_{\text{pot},0} = E_{\text{kin},1} + E_{\text{pot},1} = \text{konst.}$$

(Sobald demzufolge bei einer Kinetik-Aufgabe auch Reibungskräfte auftreten, dürfen Sie nie den Energieerhaltungssatz in der vorstehenden Fassung verwenden, sondern Sie müssen die Aufgabe mit dem Arbeitssatz lösen. Der Grund dafür liegt darin, dass bei Reibung mechanische Energie in Wärmeenergie umgewandelt wird, und diese wird im Energiesatz der Mechanik nicht erfasst.)
Einheit der potentiellen Energie:
$[E_{\text{pot}}] = 1$ Nm $= 1$ Joule (J).

19.5 Geführte Bewegung

Hatten wir bisher der Bewegung einer Punktmasse im dreidimensionalen Koordinatensystem einen Freiheitsgrad $f = 3$ zuerkannt (er kommt durch die 3 Komponenten $x(t), y(t)$ und $z(t)$ zum Ausdruck), so wollen wir jetzt annehmen, dass sich die Punktmasse auf einer vorgeschriebenen Fläche bzw. auf einer vorgegebenen Kurve bewegen muss (Abb. 67). Es tritt eine *geführte Bewegung* auf. Wir können in der Fläche ein zweidimensionales krummliniges Koordinatensystem mit den Koordinaten

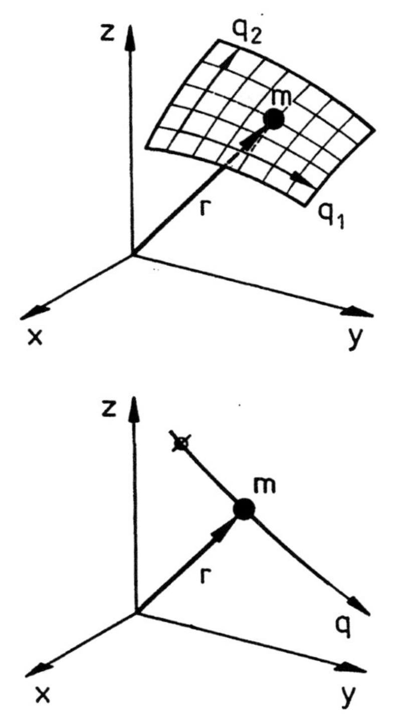

Abbildung 67: Geführte Bewegung

q_1, q_2 wählen bzw. längs der Kurve eine krummlinige Koordinate q definieren. Zur eindeutigen Beschreibung der Lage der Punktmasse genügen jetzt also 2 Koordinaten (q_1, q_2) bzw. 1 Koordinate (q), d. h., die Punktmasse besitzt den Freiheitsgrad $f = 2$ bzw. $f = 1$. Man nennt solche Koordinaten, die den Bewegungsmöglichkeiten der Punktmasse „entsprechen“, *generalisierte* oder *verallgemeinerte Koordinaten*. Ihre Anzahl ist immer mit der Größe des Freiheitsgrades identisch.

Aufgrund der Führung der Punktmasse auf der Fläche bzw. auf der Kurve treten natürlich Stützkräfte auf, die durch

„Freischneiden“ sichtbar gemacht werden (wie bei einem beweglichen Lager!). Da die einzige Aufgabe dieser Stützkräfte darin besteht, die Punktmasse auf der Fläche bzw. der Kurve zu halten, dürfen sie keine („antreibende“) Komponente tangential zur Fläche bzw. zur Kurve haben: Die Stützkräfte müssen senkrecht zur Fläche bzw. zur Kurve gerichtet sein. Wir können sie aus den Bewegungsgleichungen eliminieren, wenn wir alle eingeprägten Kräfte in die Richtungen der generalisierten Koordinaten projizieren (wir bilden die *generalisierten Kräfte* F_{q1}, F_{q2} bzw. F_q) und dann mit den *entgegengesetzt zu den positiven Beschleunigungsrichtungen* eingezeichneten *dynamischen Hilfskräften* $m\ddot{q}_1, m\ddot{q}_2$ bzw. $m\ddot{q}$ (Abb. 68) das dynamische Grundgesetz in nachfolgender Form anschreiben:

$$F_{q1} + (-m\ddot{q}_1) = 0\,,$$

$$F_{q2} + (-m\ddot{q}_2) = 0$$

bzw.

$$F_q + (-m\ddot{q}) = 0\,.$$

Im allgemeinen Sprachgebrauch werden diese Hilfskräfte nach JEAN LE ROND D'ALEMBERT (1717 – 1783) auch als

D'ALEMBERT*sche Trägheitskräfte*

bezeichnet.

(Die mitunter verwendete Formulierung „die Trägheitskräfte werden entgegengesetzt zu den Bewegungsrichtungen eingetragen“ ist nicht korrekt, da z. B. bei der Bewegung auf einer Kurve auch eine Trägheitskraft entgegen der Normalbeschleunigung auftritt.)

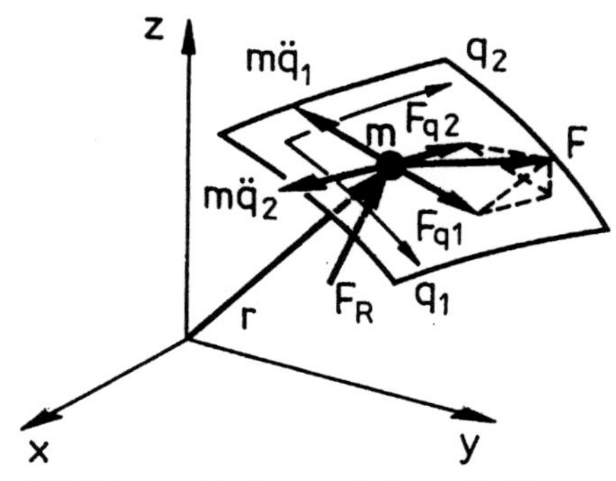

Abbildung 68: Generalisierte Kräfte und Hilfskräfte

Wir erkennen also: Zu einem Freiheitsgrad $f = 2$ gehören 2 Koordinaten (q_1, q_2) und 2 Gleichungen bzw. zu einem Freiheitsgrad $f = 1$ gehören 1 Koordinate (q) und 1 Gleichung. (Diese Gleichungen sind Differentialgleichungen, die nur für Sonderfälle integriert werden können.) Das *Prinzip von* D'ALEMBERT gestattet es also, eine kinetische Aufgabe auf zwei bzw. eine Gleichgewichtsbedingung(en) der Statik zurückzuführen.

Weiterführende Stoffgebiete: LAGRANGEsche Gleichungen 2. Art.

20 Kinetik des Punktmassensystems

20.1 Kräfte am Punktmassensystem

Sind mehrere Punktmassen

m_i $(i{=}1,2,3,\ldots,n)$

durch vorgegebene *Bindungen* so miteinander verknüpft, dass sie sich unter der Wirkung der vorgeschriebenen äußeren eingeprägten Kräfte nicht mehr „jede für sich“ beliebig bewegen können, sondern dass sich ihre Bewegungen gegenseitig beeinflussen, so sprechen wir von einem *Punktmassensystem*. Diese Bindungen können einmal zum Ausdruck bringen, dass der Abstand zwischen jeweils zwei Punktmassen immer konstant sein soll, zum anderen kann aber auch vorgesehen sein, dass in dem Berechnungsmodell zwischen jeweils zwei Punktmassen ein elastisches Federelement eingebaut ist, in dem bei einer Abstandsänderung eine potentielle Energie aufgespeichert wird. Außerdem besteht die Möglichkeit einer Führung bestimmter Punktmassen auf gegebenen Flächen oder Kurven.

Wir betrachten in einem orthogonalen x, y, z-Koordinatensystem ein System von $n = 3$ Punktmassen m_i, m_k und m_p, deren Lage durch die drei Ortsvektoren $\boldsymbol{r_i}$, $\boldsymbol{r_k}$ und $\boldsymbol{r_p}$ beschrieben wird (Abb. 69). Die an den Punktmassen angreifenden äußeren Kräfte sind die *äußeren eingeprägten Kräfte* $\boldsymbol{F_i}$, $\boldsymbol{F_k}$ und $\boldsymbol{F_p}$. Schneiden wir jede Punktmasse frei, so treten bei elastischen Zwischenelementen *innere eingeprägte Kräfte* $\boldsymbol{F_{ki}}$ und $\boldsymbol{F_{ik}}$ und bei vorgegebenen konstanten Abständen *innere Reaktionskräfte* $\boldsymbol{R_{ip}}$, $\boldsymbol{R_{pi}}$, $\boldsymbol{R_{kp}}$ und $\boldsymbol{R_{pk}}$ auf. Schließlich definiert man noch *äußere Reaktionskräfte* $\boldsymbol{R_i}$, die als Stützkräfte bei Führungen wirken müssen. Nach dem Reaktionsaxiom (Abschnitt 1.5) gilt für alle inneren Kräfte

$$\boxed{\begin{aligned} \boldsymbol{F_{ik}} + \boldsymbol{F_{ki}} &= \boldsymbol{0}, \\ \boldsymbol{R_{ip}} + \boldsymbol{R_{pi}} &= \boldsymbol{0}, \end{aligned}}$$

wobei alle Indizes i, p und k von 1 bis n laufen können (und dann natürlich entsprechend der Systemstruktur viele innere Kräfte Null sind).

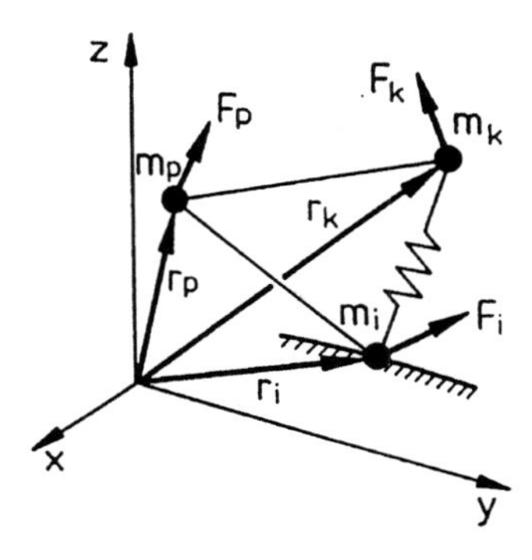

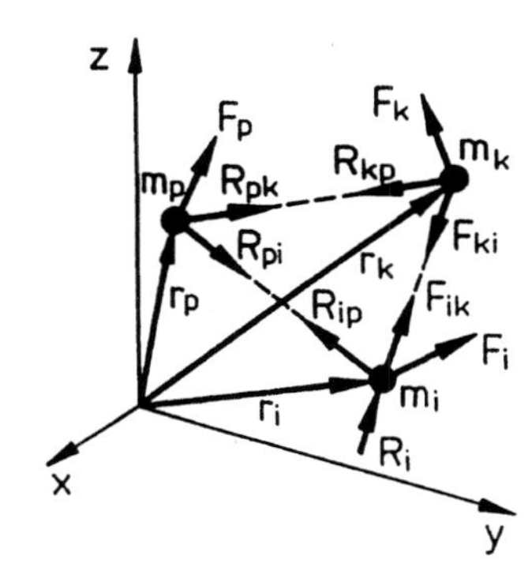

Abbildung 69: Punktmassensystem

20.2 Schwerpunktsatz

Mit der aus den n Punktmassen

$$m_i \; (i{=}1,2,3,\ldots,n)$$

gebildeten Gesamtmasse m und dem Ortsvektor $\boldsymbol{r_S}$ des Schwerpunktes des Punktmassensystems entsprechend

$$m = \sum_{i=1}^{n} m_i \quad ; \quad \boldsymbol{r_S} = \frac{1}{m} \sum_{i=1}^{n} m_i \boldsymbol{r_i}$$

erhält man nach Summation des dynamischen Grundgesetzes für alle Punktmassen, bei Berücksichtigung der Gleichgewichtsbedingungen zwischen den inneren Kräften und Zusammenfassung der äußeren Kräfte zu ihrer Resultierenden

$$\boldsymbol{F} = \sum_{i=1}^{n} (\boldsymbol{F_i} + \boldsymbol{R_i})$$

den *Schwerpunktsatz*

$$\boldsymbol{F} = m\,\boldsymbol{a_S} = m\,\dot{\boldsymbol{v}}_{\boldsymbol{S}} = m\,\ddot{\boldsymbol{r}}_{\boldsymbol{S}}\,.$$

Er lautet in Worten:

Der Schwerpunkt eines Punktmassensystems bewegt sich so, als ob in ihm die Gesamtmasse m des Systems konzentriert wäre und auf diese die Resultierende aller äußeren Kräfte wirke.

(Bemerken Sie bitte: Der Schwerpunktsatz sieht natürlich „rein äußerlich" wie das dynamische Grundgesetz aus (vgl. Abschnitt 19.1). Aber während dort die *reale Kraft* direkt an der *realen Punktmasse* vorhanden ist, haben wir es beim Schwerpunktsatz mit einer Resultierenden zu tun, welche auf eine „fiktive" Punktmasse – die Gesamtmasse – wirkt.)

20.3 Impulssatz

Nach Summation aller Teilimpulsvektoren zum *Gesamtimpulsvektor*

$$\sum_{i=1}^{n} m_i \dot{\boldsymbol{r}}_{\boldsymbol{i}} = \sum_{i=1}^{n} \boldsymbol{p_i} = m\dot{\boldsymbol{r}}_{\boldsymbol{S}} = \boldsymbol{p_S}$$

und unter erneuter Einbeziehung des Gleichgewichts zwischen allen inneren Kräften folgt nach Integration zwischen zwei Zeitpunkten t_0 und t_1 der *Impulssatz*

$$\begin{aligned} \int_{t_0}^{t_1} \boldsymbol{F}\,\mathrm{d}t &= \boldsymbol{p_{S1}} - \boldsymbol{p_{S0}} \\ &= (m\boldsymbol{v_S})_1 - (m\boldsymbol{v_S})_0\,. \end{aligned}$$

Die Änderung des Gesamtimpulses, die ein Punktmassensystem zwischen zwei Lagen des Schwerpunktes innerhalb des Zeitintervalls $t_1 - t_0$ erfährt, ist gleich dem Zeitintegral über die vektorielle Summe der äußeren Kräfte.

Ist diese vektorielle Summe der äußeren Kräfte ein Nullvektor, dann ergibt sich der *Impulserhaltungssatz*

$$[\sum_{i=1}^{n} (m_i \dot{\boldsymbol{r}}_{\boldsymbol{i}})]_1 - [\sum_{i=1}^{n} (m_i \dot{\boldsymbol{r}}_{\boldsymbol{i}})]_0 = \boldsymbol{0}$$

bzw.

$$[\sum_{i=1}^{n} (m_i \dot{\boldsymbol{r}}_{\boldsymbol{i}})]_1 = [\sum_{i=1}^{n} (m_i \dot{\boldsymbol{r}}_{\boldsymbol{i}})]_0 = \text{konst.}$$

Weiterführende Stoffgebiete: Elastischer und inelastischer Stoß, Raketengleichung.

20.4 Arbeit, Energie

Wir fassen die kinetischen Energien aller Punktmassen

$$m_i \ (i=1,2,3,\ldots,n)$$

zur *kinetischen Gesamtenergie*

$$E_{\text{kin}} = \sum_{i=1}^{n} E_{\text{kin},i} = \sum_{i=1}^{n} \frac{1}{2} m_i v_i^2$$

zusammen und bestimmen den etwas komplizierten *Arbeitssatz* für das Punktmassensystem in der Form

$$\begin{aligned} W &= \int_0^1 \sum_{i=1}^{n} \boldsymbol{F_i}\,\mathrm{d}\boldsymbol{r_i} + \int_0^1 \sum_{i=1}^{n} \sum_{k=1}^{n} \boldsymbol{F_{ik}}\,\mathrm{d}\boldsymbol{r_i} \\ &= E_{\text{kin},1} - E_{\text{kin},0}\,. \end{aligned}$$

Für den Fall, dass für alle auf das Punktmassensystem einwirkenden Kräfte Potentialfunktionen vorliegen (dass wir es also mit konservativen Kraftfeldern zu tun haben), gilt mit $E_{\text{pot},a}$ als der *potentiellen Energie der äußeren Kräfte* und $E_{\text{pot},i}$ als der *potentiellen Energie der inneren Kräfte* der *Energieerhaltungssatz* für das Punktmassensystem

$$\begin{aligned} & E_{\text{kin},0} + E_{\text{pot},a0} + E_{\text{pot},i0} \\ = \; & E_{\text{kin},1} + E_{\text{pot},a1} + E_{\text{pot},i1} \\ = \; & \text{konst.} \end{aligned}$$

20.5 Drehimpulssatz, Drallsatz

Während der Schwerpunktsatz, der Impulssatz und der Arbeitssatz des Punktmassensystems im Vergleich mit dem dynamischen Grundgesetz, dem Impulssatz und dem Arbeitssatz der Punktmasse analoge Aussagen betreffen, gibt es den *Drehimpulssatz* nur beim Punktmassensystem, da eine einzelne Punktmasse als Modellannahme keine Ausdehnungen besitzt, und daher der Begriff einer „Drehung" bei einer Punktmasse gegenstandslos ist. Wir bilden das „Moment" des Impulsvektors der Masse m_i bezüglich des Koordinatenursprungs und bezeichnen diesen Momentenvektor

$$\boldsymbol{L}_i = \boldsymbol{r}_i \times \boldsymbol{p}_i \quad (i{=}1,2,3,\ \ldots\ ,n)$$

als *Drehimpulsvektor* oder auch *Drallvektor* der Masse m_i. (Eine Erklärung des hier verwendeten Vektorproduktes

$$\boldsymbol{a} = \boldsymbol{b} \times \boldsymbol{c}$$

finden Sie z. B. in der „Starthilfe Mathematik" [1]).

Die Summation über alle Drehimpulsvektoren liefert den *Gesamtdrehimpulsvektor (Gesamtdrallvektor)*

$$\boldsymbol{L} = \sum_{i=1}^{n} \boldsymbol{L}_i = \sum_{i=1}^{n} \boldsymbol{r}_i \times (m_i \dot{\boldsymbol{r}}_i)\,.$$

Mit dem resultierenden Moment aller äußeren Kräfte bezüglich des Koordinatenursprungs

$$\boldsymbol{M} = \sum_{i=1}^{n} \boldsymbol{M}_i = \sum_{i=1}^{n} \boldsymbol{r}_i \times (\boldsymbol{F}_i + \boldsymbol{R}_i)$$

erhalten wir schließlich den *Drehimpulssatz (Drallsatz)* in differentieller Form

$$\boldsymbol{M} = \frac{\mathrm{d}\boldsymbol{L}}{\mathrm{d}t}\,.$$

Das resultierende Moment aller äußeren Kräfte bezüglich des Koordinatenursprungs ist gleich der zeitlichen Änderung des Gesamtdrehimpulsvektors (des Gesamtdrallvektors).

(Vergleichen Sie die analoge Formulierung für eine Kraft im dynamischen Grundgesetz Abschnitt 19.1.)

Nach Integration folgt der dem Impulssatz analoge Drehimpulssatz (Drallsatz) in integraler Form

$$\int_{t_0}^{t_1} \boldsymbol{M}\,\mathrm{d}t = \boldsymbol{L}_1 - \boldsymbol{L}_0\,.$$

Für den Fall, dass das resultierende Moment Null ist, lautet der *Drehimpulserhaltungssatz*

$$[\sum_{i=1}^{n} \boldsymbol{r}_i \times (m_i \dot{\boldsymbol{r}}_i)]_1 - [\sum_{i=1}^{n} \boldsymbol{r}_i \times (m_i \dot{\boldsymbol{r}}_i)]_0 = \boldsymbol{0}$$

bzw.

$$[\sum_{i=1}^{n} \boldsymbol{r}_i \times (m_i \dot{\boldsymbol{r}}_i)]_1 = [\sum_{i=1}^{n} \boldsymbol{r}_i \times (m_i \dot{\boldsymbol{r}}_i)]_0 = \text{konst.}$$

Einheit des Drehimpulses:
$[L] = 1$ m kg m/s $= 1$ Nms.

20.6 Geführte Bewegung

Besitzen n nicht miteinander verbundene Punktmassen den Freiheitsgrad $f = 3n$, so wird dieser bei einem Punktmassensystem mit r Bindungen auf den Freiheitsgrad $f = 3n - r$ reduziert. Dementsprechend wählen wir f generalisierte (verallgemeinerte) Koordinaten q_i (i=1,2,3, ... , f) und drücken die $3n$ kartesischen Koordinaten r_{ix}, r_{iy} und r_{iz} der Ortsvektoren $\boldsymbol{r}_i$ (i=1,2,3, ... , n) durch die f generalisierten Koordinaten aus. Unter Berücksichtigung des dynamischen Grundgesetzes für jede der n Punktmassen leiten wir dann nach dem D'ALEMBERTschen Prinzip f Differentialgleichungen für die f generalisierten Koordinaten ab.

Bei einer praktischen Berechnung wird man allerdings so vorgehen, dass man zunächst alle n Punktmassen m_i von ihren äußeren und inneren Bindungen freischneidet, alle äußeren und inneren eingeprägten Kräfte, die äußeren und inneren Reaktionskräfte und die D'ALEMBERTschen Trägheitskräfte einträgt (denken Sie immer daran: letztere entgegen den zu den generalisierten Koordinaten gehörenden positiven Beschleunigungsrichtungen) und dann die Gleichgewichtsbedingungen anschreibt.

Weiterführende Stoffgebiete: LAGRANGEsche Gleichungen 2. Art.

21 Kinematik des starren Körpers

21.1 Definitionen und Annahmen

Unter einem starren Punktmassensystem verstehen wir ein Gebilde, in dem alle Punktmassen so durch Bindungen festgelegt sind, dass ihr gegenseitiger Abstand unverändert bleibt. In diesem Sinne gelten alle Sätze und Beziehungen des Punktmassensystems weiter mit der Einschränkung, dass es keine inneren eingeprägten Kräfte mehr gibt. Nehmen wir an, dass die Abstände zwischen den Punktmassen und diese selbst immer kleiner werden, dann geht das starre Punktmassensystem in den *starren homogenen Körper* über. Mathematisch kommt das darin zum Ausdruck, dass die Einzelpunktmasse m_i durch das Massendifferential dm und das Summenzeichen $\sum$ über alle Punktmassen durch das Integral $\int$ über die Gesamtmasse m des Körpers ersetzt werden müssen. Die Gesamtmasse und den Ortsvektor des

Schwerpunktes (Abb. 70) erhalten wir dann in der Form

$$m = \int_{(m)} \mathrm{d}m \quad ; \quad \boldsymbol{r_S} = \frac{1}{m} \int_{(m)} \boldsymbol{r} \, \mathrm{d}m \, .$$

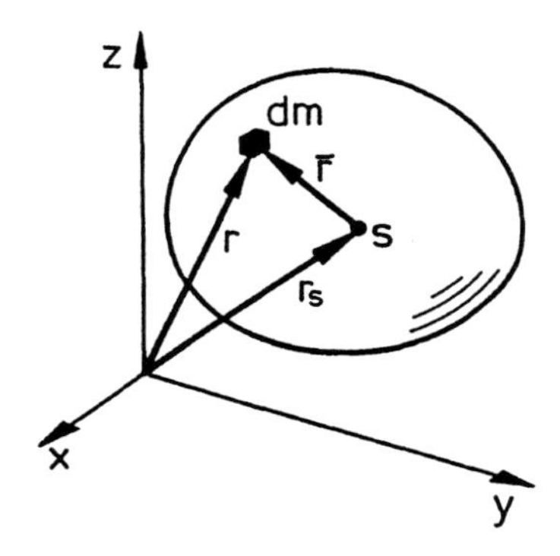

Abbildung 70: Starrer Körper

Ein sich frei im dreidimensionalen x, y, z-Koordinatensystem bewegender Körper hat den Freiheitsgrad $f = 6$:
3 Verschiebungsmöglichkeiten in Richtung der 3 Koordinatenachsen (*Translation*) und 3 Verdrehungsmöglichkeiten um die 3 Koordinatenachsen (*Rotation*). Wir wollen uns jedoch auf eine ebene Bewegung beschränken, bei welcher der Körper zwei Translationen in Richtung der x-Achse und y-Achse und eine Rotation um die z-Achse ausführen kann.

21.2 Ebenes Geschwindigkeitsfeld

Bei einer allgemeinen ebenen Bewegung hat jeder Punkt des starren Körpers eine andere Geschwindigkeit. Sie besteht aus der Summe einer für alle Punkte gleichen Translationsgeschwindigkeit $\boldsymbol{v_S}$ des Schwerpunktes und einer Rotationsgeschwindigkeit um den Schwerpunkt. Mit der Winkelgeschwindigkeit ω des sich um den Schwerpunkt drehenden Körpers und den Komponenten $\bar{r}_x$ und $\bar{r}_y$ des Abstandsvektors $\bar{\boldsymbol{r}}$ des Masseteilchens vom Schwerpunkt (Abb. 70) lautet der resultierende Geschwindigkeitsvektor

$$\begin{aligned} \boldsymbol{v}(t) &= \boldsymbol{v_S}(t) + \boldsymbol{\omega}(t) \times \bar{\boldsymbol{r}}_{\boldsymbol{S}} \\ &= \boldsymbol{v_S}(t) + \\ &+ \omega(t)[-\bar{r}_y(t)\boldsymbol{e_x} + \bar{r}_x(t)\boldsymbol{e_y}] \, . \end{aligned}$$

Wir können also die Geschwindigkeit jedes Punktes eines starren Körpers eindeutig berechnen, wenn wir die beiden Komponenten v_{Sx} und v_{Sy} der Geschwindigkeit des Schwerpunktes und die Winkelgeschwindigkeit ω kennen.

21.3 Ebenes Beschleunigungsfeld

Auch das allgemeine ebene Beschleunigungsfeld ist die vektorielle Summe eines Vektors der Translationsbeschleunigung $\boldsymbol{a_S}$ und eines Vektors der Rotationsbeschleunigung, der sich aber – als von einer Kreisbewegung herstammend – aus einem Vektor der Tangentialbeschleunigung in Richtung des Tangenteneinheitsvektors $\boldsymbol{e_t}$ und einem Vektor der Normalbeschleunigung in Richtung des Hauptnormaleneinheitsvektors $\boldsymbol{e_n}$ (vom Masseteilchen zum Schwerpunkt hin gerichtet) zusammensetzt. Wir erhalten den resultierenden Beschleunigungsvektor

$$\begin{aligned} \boldsymbol{a}(t) &= \boldsymbol{a_S}(t) + \boldsymbol{a_t}(t) + \boldsymbol{a_n}(t) \\ &= \boldsymbol{a_S}(t) + \\ &+ \bar{r}[\dot{\omega}(t)\boldsymbol{e_t}(t) + \omega(t)^2\boldsymbol{e_n}(t)] \, . \end{aligned}$$

22 Kinetik des starren Körpers

22.1 Schwerpunktsatz und Impulssatz

Berücksichtigen wir die von uns gegebene Definition des starren (homogenen) Körpers, dann können wir den *Schwerpunktsatz* und den *Impulssatz* sofort aus den entsprechenden Gleichungen des Punktmassensystems übernehmen.

Der Schwerpunkt eines starren Körpers bewegt sich so, als ob in ihm die Masse m des starren Körpers konzentriert wäre und auf diese die Resultierende aller äußeren Kräfte wirke.

$$\boldsymbol{F} = m\,\boldsymbol{a_S} = m\,\dot{\boldsymbol{v}}_{\boldsymbol{S}} = m\,\ddot{\boldsymbol{r}}_{\boldsymbol{S}}\,.$$

Die Änderung des Gesamtimpulses, die ein starrer Körper zwischen zwei Lagen des Schwerpunktes innerhalb des Zeitintervalls $t_1 - t_0$ erfährt, ist gleich dem Zeitintegral über die vektorielle Summe der äußeren Kräfte.

$$\begin{aligned}\int\limits_{t_0}^{t_1} \boldsymbol{F}\,\mathrm{d}t &= \boldsymbol{p_S}_1 - \boldsymbol{p_S}_0 \\ &= (m\boldsymbol{v_S})_1 - (m\boldsymbol{v_S})_0\,.\end{aligned}$$

22.2 Drehimpulssatz

Der Drehimpulssatz kann nicht ohne weiteres so wie im Punktmassensystem angeschrieben werden. Bei seiner Ableitung tritt ein Volumenintegral

$$J_C = \int\limits_{(m)} q^2\,\mathrm{d}m$$

auf, welches als *Massenmoment 2. Grades* oder auch *Massenträgheitsmoment* bezeichnet wird. Es ist bei konstanter Dichte ϱ eine geometrische Größe, die jedem Körper ebenso wie z. B. sein Volumen oder die Lage des Schwerpunktes zugeordnet ist, und die für einige Körperformen aus der Tafel 3 zu entnehmen ist.

Analog zu den Flächenmomenten 2. Grades (Abschnitt 13.1) gilt auch bei den Massenmomenten 2. Grades der *Satz von* STEINER

$$J_S = J_C - s^2 m\,.$$

Mit seiner Hilfe lassen sich Massenmomente 2. Grades bezüglich zweier paralleler Achsen transformieren, wobei allerdings – ebenso wie bei den Flächenmomenten 2. Grades – immer das bezüglich der Achse durch den Schwerpunkt berechnete Massenmoment 2. Grades J_S in der Gleichung vorkommen muss.
Der *Drehimpulsvektor (Drallvektor) des starren Körpers* ist dann

$$\boldsymbol{L} = (\boldsymbol{r_S} \times \boldsymbol{v_S})m + J_S\,\boldsymbol{\omega}$$

und seine Zeitableitung

$$\frac{\mathrm{d}\boldsymbol{L}}{\mathrm{d}t} = \boldsymbol{r_S} \times \boldsymbol{F} + J_S\,\dot{\boldsymbol{\omega}}\,.$$

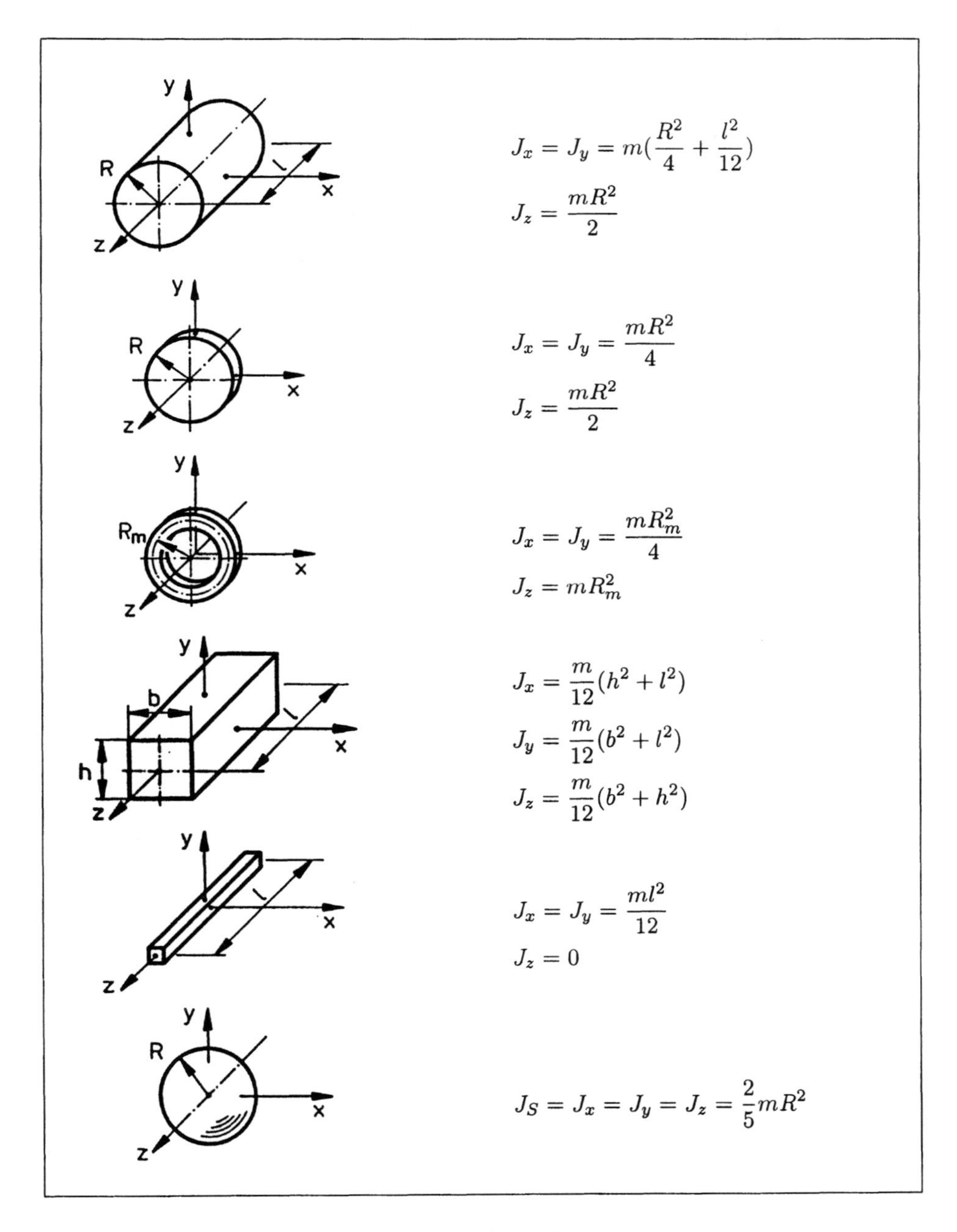

Tafel 3: Massenmomente 2. Grades für einfache Körper

Für die von uns betrachtete ebene Bewegung des starren Körpers erhalten wir schließlich den *Drehimpulssatz* des starren Körpers:

$$M_S = J_S\,\alpha = J_S\,\dot{\omega} = J_S\,\ddot{\varphi}\,.$$

In ihm bedeuten M_S das Drehmoment der resultierenden Kraft F um den Körperschwerpunkt und $\alpha = \dot{\omega} = \ddot{\varphi}$ die Winkelbeschleunigung. (Beachten Sie bitte die Analogie zum Schwerpunktsatz Abschnitt 22.1.)
Einheit des Massenmomentes 2. Grades: $[\,J\,] = 1$ kg m^2.

Weiterführende Stoffgebiete: Stoß zwischen festen Körpern, kräftefreier und schwerer Kreisel.

22.3 Arbeit, Energie

Mit der kinetischen Energie für Translation

$$E_{\text{kin},T} = \frac{1}{2}\,m\,v_S^2$$

und der kinetischen Energie für Rotation

$$E_{\text{kin},R} = \frac{1}{2}\,J_S\,\omega^2$$

ergibt sich der *Arbeitssatz* des starren Körpers

$$\begin{aligned} W &= \int_0^1 \boldsymbol{F}\,\mathrm{d}\boldsymbol{r}_S + \int_0^1 M_S \mathrm{d}\varphi \\ &= (E_{\text{kin},T} + E_{\text{kin},R})_1 - \\ &\quad - (E_{\text{kin},T} + E_{\text{kin},R})_0\,. \end{aligned}$$

Existieren sowohl für alle Kräfte als auch für alle Momente Potentialfunktionen $E_{pot,T}$ und $E_{pot,R}$, dann folgt der *Energieerhaltungssatz* des starren Körpers in der Form

$$\begin{aligned} & E_{\text{kin},T0} + E_{\text{kin},R0} + \\ & \qquad + E_{\text{pot},T0} + E_{\text{pot},R0} \\ = \; & E_{\text{kin},T1} + E_{\text{kin},R1} + \\ & \qquad + E_{\text{pot},T1} + E_{\text{pot},R1} \\ = \; & \text{konst.} \end{aligned}$$

22.4 Geführte Bewegung

Bei einer geführten Bewegung des starren Körpers auf einer vorgeschriebenen Fläche bzw. längs einer vorgegebenen Bahnkurve treten Reaktionskräfte (also Stützkräfte) auf, die – wie wir wissen – senkrecht auf der Fläche bzw. der Bahnkurve stehen müssen. Wir machen sie „sichtbar", indem wir den starren Körper durch Freischneiden von seinen Bindungen lösen. Nach Wahl der dem Freiheitsgrad des starren Körpers entsprechenden generalisierten Koordinaten q_S und φ tragen wir alle äußeren eingeprägten Kräfte und Momente ein, fügen die unbekannten Reaktionskräfte hinzu und ergänzen diese durch die im Schwerpunkt des starren Körpers angreifenden dynamischen Hilfskräfte (die D'ALEMBERTschen Trägheitskräfte) und das um den Körperschwerpunkt drehende *dynamische Hilfsmoment* (das D'ALEMBERT*sche Trägheitsdrehmoment*). Die dynamischen Hilfskräfte und das dynamische Hilfsmoment werden entgegengesetzt zu den positiven Richtungen der Beschleunigungen und entgegengesetzt zur positiven Drehkoordinate des starren Körpers eingetragen. Die Gleichgewichtsbedingungen lauten dann für eine generalisierte Verschiebungskoordinate q_S des Schwerpunktes und eine Drehkoordinate φ um den Schwerpunkt

$$\begin{aligned} F + (-m\,\ddot{q}_S) &= 0\,, \\ M_S + (-J_S\ddot{\varphi}) &= 0\,. \end{aligned}$$

Zwischen der Verschiebungskoordinate q_S und der Drehkoordinate φ bestehen bei einer geführten Bewegung im allgemeinen kinematische Zwangsbedingungen.

Als Beispiel wollen wir die Stützkraft im Lager A des in Abb. 71 dargestellten starren Trägers für den Fall berechnen, dass die rechte Pendelstütze entfernt wird.

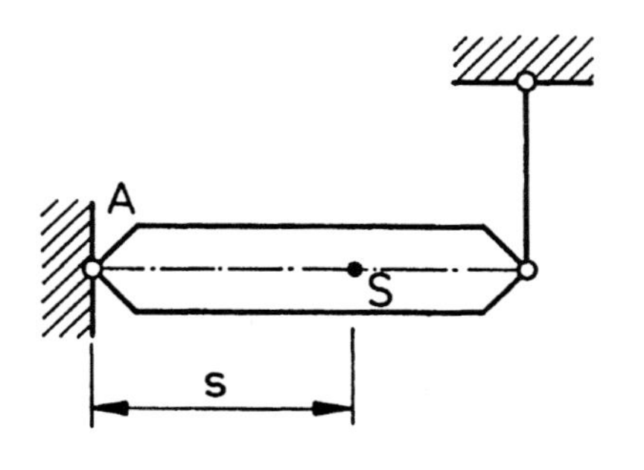

Abbildung 71: Träger mit Pendelstütze

Der Träger beginnt nach dem Durchschneiden der Pendelstütze eine Drehbewegung um das Lager A. Er besitzt demzufolge den Freiheitsgrad $f = 1$, und wir wählen den Drehwinkel φ als generalisierte Koordinate. Um die Stützkräfte im Lager A „sichtbar" zu machen, schneiden wir den Träger von seinem Auflager frei. Als nächstes tragen wir die im Schwerpunkt des Trägers wirkenden D'ALEMBERTschen Trägheitskräfte und das D'ALEMBERTsche Trägheitsdrehmoment ein. Dazu müssen wir – wie das bei der Lösung von Kinetik-Aufgaben immer zu geschehen hat – den Träger in der *verdrehten Lage* hinzeichnen (Abb. 72).

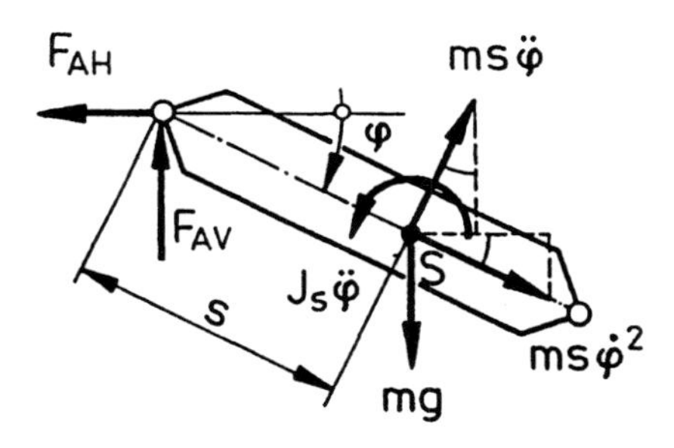

Abbildung 72: Freigeschnittener Träger

Der Schwerpunkt des Trägers bewegt sich nach dem Freischneiden auf einer Kreisbahn mit dem Radius s um den Punkt A. Demzufolge wirken zwei Trägheitskräfte im Schwerpunkt: Eine Trägheitskraft $ms\ddot{\varphi}$, die sich aus der Tangentialbeschleunigung $s\ddot{\varphi}$ ergibt (sie wirkt entgegengesetzt zur Drehkoordinate φ) und eine Trägheitskraft $ms\dot{\varphi}^2$, die eine Folge der Normalbeschleunigung $s\dot{\varphi}^2$ ist (sie wirkt vom Drehpunkt radial nach außen und wird auch „Zentrifugalkraft" genannt).

Die 3 Gleichgewichtsbedingungen (Summe aller senkrechten Kräfte gleich Null, Summe aller horizontalen Kräfte gleich

Null, Summe aller Momente um den Punkt A gleich Null) liefern

$$\begin{aligned} F_{AV} - mg + ms\ddot{\varphi}\cos\varphi - & \\ - ms\dot{\varphi}^2 \sin\varphi &= 0\,, \\ F_{AH} - ms\ddot{\varphi}\sin\varphi - & \\ - ms\dot{\varphi}^2\cos\varphi &= 0\,, \\ J_S\ddot{\varphi} + ms^2\ddot{\varphi} - mgs\cos\varphi &= 0\,. \end{aligned}$$

Aus der dritten Gleichgewichtsbedingung erhalten wir zunächst die Winkelbeschleunigung

$$\ddot{\varphi} = \frac{mgs}{J_A}\cos\varphi\,,$$

wobei sich das auf den Drehpunkt A bezogene Massenmoment 2. Grades J_A aus dem Satz von STEINER $J_S + ms^2 = J_A$ ergibt.

Eine weitere zur Lösung der Aufgabe benötigte Beziehung leiten wir aus dem Energieerhaltungssatz ab. Da der Träger in der Ausgangslage ($\varphi = 0$) keine kinetische Energie besitzt und auch die potentielle Energie von dort aus gemessen werden soll, gilt

$$\begin{aligned} & E_{\text{kin},R1} + E_{\text{pot},T1} \\ = \;& \frac{1}{2}J_A\dot{\varphi}^2 - mgs\sin\varphi = 0 \\ \rightarrow \;& \dot{\varphi}^2 = 2\,\frac{mgs}{J_A}\sin\varphi\,. \end{aligned}$$

Setzen wir vorstehende Ausdrücke in die erste und zweite Gleichgewichtsbedingung ein, so ergeben sich nach kurzer Zwischenrechnung die gesuchten Stützkräfte

$$\begin{aligned} F_{AV} &= mg\,[\,1 - \frac{ms^2}{J_A}(1 - 3\sin^2\varphi)]\,, \\ F_{AH} &= 3mg\,\frac{ms^2}{J_A}\sin\varphi\cos\varphi\,. \end{aligned}$$

Am Anfang der Bewegung, also unmittelbar nach dem Durchschneiden der Pendelstütze, haben die Stützkräfte die Größe

$$F_{AV} = \frac{J_S}{J_A}mg < mg \quad ; \quad F_{AH} = 0\,.$$

Weiterführende Stoffgebiete: LAGRANGEsche Gleichungen 2. Art.

23 Schwingungen

23.1 Definitionen und Annahmen

Obgleich von der Systematik her die Untersuchung der verschiedenen Erscheinungsformen von Schwingungen in die Abschnitte über die Punktmasse (19.5), das Punktmassensystem (20.6) und den starren Körper (22.4) gehört, wollen wir diesem Thema wegen seiner besonderen Bedeutung in der Technischen Mechanik auch einen besonderen Abschnitt widmen. Die in den genannten Abschnitten vereinbarten Modellannahmen zur Punktmasse, zum Punktmassensystem und zum starren Körper sollen auch hier gültig sein.

Schwingungen treten in Technik und Natur in vielfältiger Weise auf (zum Beispiel mechanische, elektrische, optische, thermische Schwingungen). Sie werden mathematisch alle in ähnlicher Weise behandelt.

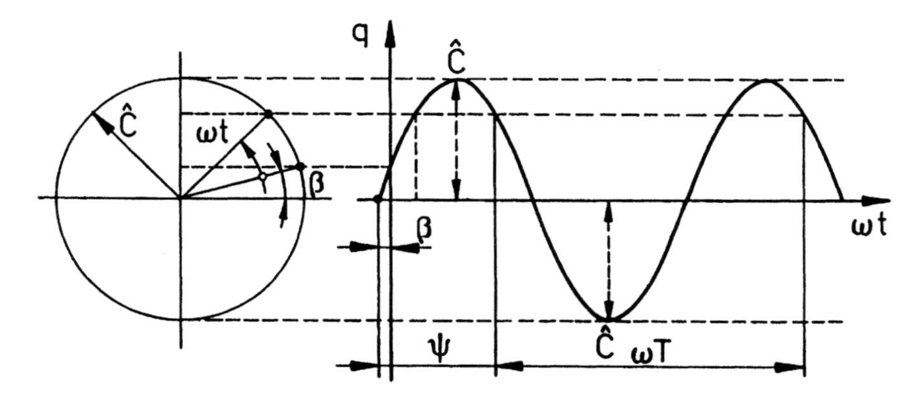

Abbildung 73: Harmonische Schwingung

Schwingungen kann man nach verschiedenen Gesichtspunkten gliedern. Eine Möglichkeit besteht darin, sie entsprechend ihrer Erscheinungsform in *periodische Schwingungen* und *nichtperiodische Schwingungen* zu unterteilen, wobei wir bei ersteren wiederum zwischen *harmonischen Schwingungen*, also darstellbar durch *harmonische Funktionen* (so nennt man Sinus- bzw. Cosinus-Funktionen), und *nichtharmonischen Schwingungen* unterscheiden wollen. Da es jedoch ein bekanntes mathematisches Verfahren – die FOURIER-Analyse – gibt, mit dem jede periodische Funktion in eine Reihe von harmonischen Funktionen zerlegt werden kann, genügt es im allgemeinen, nur harmonische Schwingungen zu untersuchen.

23.2 Kinematik der Schwingung

Eine harmonische Schwingung kann man darstellen, wenn man die Bewegung eines mit der Winkelgeschwindigkeit ω auf einem Kreis mit dem Radius C umlaufenden Punktes orthogonal auf eine vertikale Achse projiziert (Abb. 73).

Die sich periodisch ändernde Auslenkung beträgt dann

$$\boxed{q(t) = \widehat{C}\sin(\omega\, t + \beta)\,.}$$

Dabei sind

- $\widehat{C}$ die *Amplitude*,
- ω die *Kreisfrequenz*,
- β der *Nullphasenwinkel* oder der *Phasenverschiebungswinkel*,
- $\psi = \omega\, t + \beta$ der *Phasenwinkel*

und daraus folgend

$$T = \frac{2\pi}{\omega} \quad \text{die } \textit{Schwingungsdauer},$$
$$f = T^{-1} = \frac{\omega}{2\pi} \quad \text{die } \textit{Frequenz}.$$

(Es ist sehr wichtig, bei Schwingungsaufgaben die Begriffe „Kreisfrequenz“ und „Frequenz“ exakt auseinander zu halten: Es gilt $\omega = 2\pi f$.)

Will man zwei harmonische Schwingungen

$$q_1(t) = \widehat{C}_1 \sin(\omega_1 t + \beta_1)$$

und

$$q_2(t) = \widehat{C}_2 \sin(\omega_2 t + \beta_2)$$

überlagern (superponieren), dann hängt die Form der resultierenden Schwingung

$$q(t) = q_1(t) + q_2(t)$$

vom Verhältnis ω_1/ω_2 der beiden Kreisfrequenzen ab.

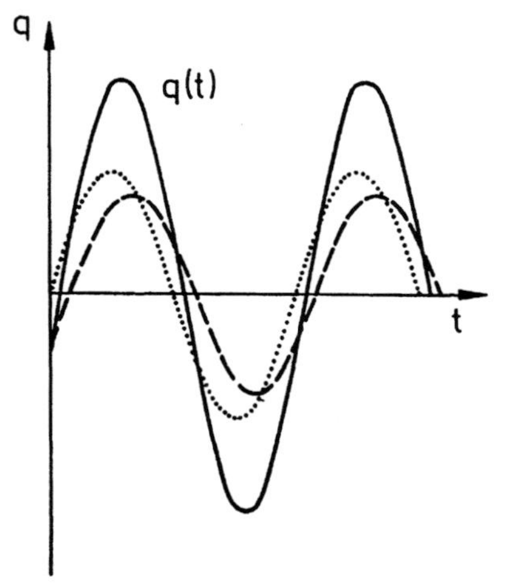

Abbildung 74: Harmonische Schwingung

1. Ist das Verhältnis $\omega_1/\omega_2 = 1$, so ergibt sich wiederum eine harmonische Schwingung (Abb. 74).

2. Ist das Verhältnis $\omega_1/\omega_2 = n/m$ durch zwei ganze Zahlen n und m auszudrücken, dann erhalten wir als resultierende Bewegung eine periodische, aber keine harmonische Schwingung (Abb. 75).

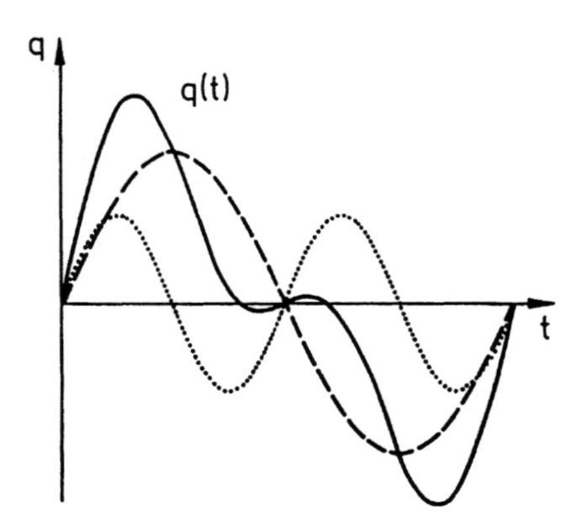

Abbildung 75: Periodische Schwingung

3. Ist das Verhältnis ω_1/ω_2 eine sogenannte irrationale Zahl (z. B. π oder $\sqrt{2}$), so ist die entstehende Bewegung keine periodische Schwingung mehr.

Einheit der Kreisfrequenz:
$[\omega] = 1\ 1/\mathrm{s}$,
Einheit der Schwingungsdauer:
$[T] = 1\ \mathrm{s}$,
Einheit der Frequenz:
$[f] = 1\ 1/\mathrm{s} = 1$ Hertz (Hz).

Weiterführende Stoffgebiete: Schwingungsdarstellung in komplexer Schreibweise, Phasenporträt, Schwebungen, FOURIER-Analyse, Energiebilanz.

23.3 Freie ungedämpfte Schwingungen

Eine *freie ungedämpfte Schwingung* mit dem Freiheitsgrad $f = 1$ tritt auf, wenn eine Punktmasse an einer elastischen Feder befestigt ist und sich nach einer Anfangsauslenkung und/oder mit einer Anfangsgeschwindigkeit in einer vorgegebenen Richtung frei bewegen kann. Als Symbol für eine solche Feder verwenden wir eine „Zick-Zack-Linie“, müssen uns aber darüber im Klaren sein, dass jedes Bauelement als Feder angesehen werden kann, wenn es sich unter einer Belastung verformt und nach Entfernung dieser Belastung wieder „zurückfedert“(Beispiele dafür sind die Spiralfeder, die Blattfeder, die Torsionsfeder, aber auch das elastische Seil, der Balken oder die Platte).

Mit der Federkonstanten k leiten wir die Bewegungsgleichung im Schwerefeld der Erde nach dem D'ALEMBERTschen Prinzip in der Form

$$\boxed{m\ddot{q} + kq = mg}$$

ab.

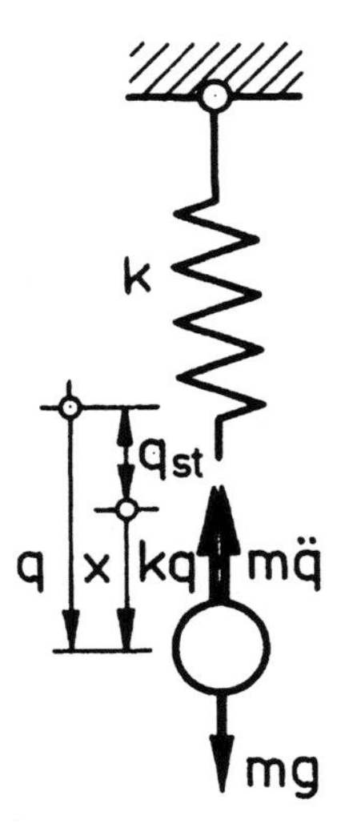

Abbildung 76: Freie ungedämpfte Schwingung

In einer solchen Differentialgleichung stört im allgemeinen der konstante Term (mg) auf der rechten Seite. Wir können ihn beseitigen, wenn wir eine Koordinatentransformation durchführen, d. h. den Koordinatenursprung $(q = 0)$ an eine andere Stelle legen. Wir wählen dazu die *statische Ruhelage* und verstehen darunter die Verschiebung q_{st} der Punktmasse, in der sie – ohne sich zu bewegen – ruhig an der Feder hängt. Aus dem dann herrschenden Gleichgewicht zwischen dem Eigengewicht mg und der Federkraft kq_{st} erhält man $q_{st} = mg/k$ und nach der Koordinatentransformation

$$q = q_{st} + x$$

die Differentialgleichung der freien ungedämpften Schwingung in der Form

$$\boxed{\ddot{x} + \omega_o^2 x = 0}$$

mit der Lösung

$$\boxed{x(t) = \widehat{C}\sin(\omega_o t + \beta)\,.}$$

Hierin sind $\widehat{C}, \beta$ die aus den *Anfangsbedingungen*

$$x(t=0) = x_o\;,\;\dot{x}(t=0) = v_o$$

zu bestimmenden Integrationskonstanten und

$$\boxed{\omega_o = \sqrt{k/m}}$$

die *Eigenkreisfrequenz*.
(Natürlich hätte man im Ansatz statt „sin“ auch „cos“ schreiben können, ohne an der Lösung etwas Wesentliches zu ändern.)

Als Ergebnis unserer Schwingungsuntersuchung stellen wir also fest, dass eine freie ungedämpfte Schwingung harmonisch um die statische Ruhelage erfolgt.

Ein Blick auf die Differentialgleichungen für q und x zeigt uns weiterhin, dass man bei der Untersuchung eines sich vertikal im Schwerefeld der Erde bewegenden Schwingers das Eigengewicht nicht in die Differentialgleichung aufzunehmen braucht, wenn sich der Nullpunkt der Verschiebung in der statischen Ruhelage befindet. Es wäre aber falsch zu sagen „das Eigengewicht wird *vernachlässigt*". Es steht mit der statischen Federkraft kq_{st} im Gleichgewicht.

Die *Eigenschwingungsdauer* und die *Eigenfrequenz* haben für den in Abb. 76 gezeigten Schwinger die Größe

$$T_o = \frac{2\pi}{\omega_o} = 2\pi\sqrt{\frac{m}{k}} = 2\pi\sqrt{\frac{q_{st}}{g}},$$

$$f_o = \frac{1}{T} = \frac{1}{2\pi}\sqrt{\frac{k}{m}} = \frac{1}{2\pi}\sqrt{\frac{g}{q_{st}}}.$$

Vorstehende Untersuchungen des freien ungedämpften Schwingers mit einem Freiheitsgrad $f = 1$ lassen sich vielfach auf technische Problemstellungen anwenden (Biegeschwingung, Torsionsschwingung, Dehnschwingung u. a.).

Wir wollen noch das *Mathematische Pendel* und das *Körperpendel* betrachten, welche als „Federkraft" die nichtlineare Rückstellkraft $F = mg\sin\varphi$ aufweisen und damit zu nichtlinearen Differentialgleichungen führen. So erhalten wir für das mathematische Pendel (Abb. 77) aus der Gleichgewichtsbedingung zwischen der Gewichtskraftkomponente $mg\sin\varphi$ in Richtung s (der Rückstellkraft) und der D'ALEMBERTschen Trägheitskraft (sie gehört zur Tangentialbeschleunigung $a_t = r\ddot{\varphi} = l\ddot{\varphi}$ der Punktmasse)

$$ml\ddot{\varphi} + mg\sin\varphi = 0\,.$$

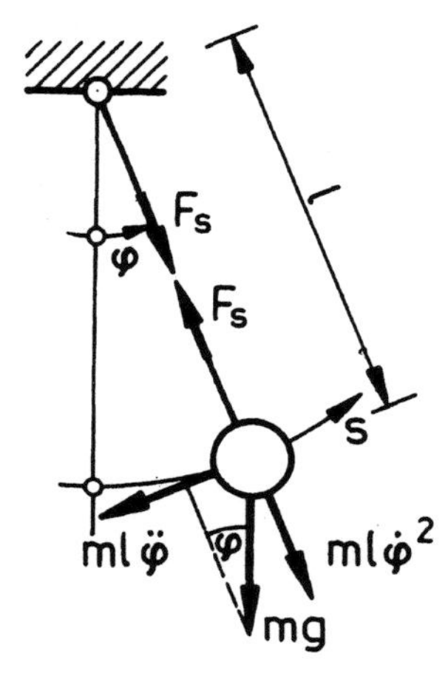

Abbildung 77: Mathematisches Pendel

Nur für „kleine Auslenkungen" kann man $\sin\varphi$ näherungsweise durch φ ersetzen und kommt dann wieder zu den Ergebnissen der Federschwingung:

$$\ddot{\varphi} + \omega_o^2\varphi = 0\,,$$

$$\omega_o = \sqrt{g/l}\,,$$

$$T_o = 2\pi\sqrt{l/g}\,.$$

Analoge Untersuchungen am Körperpendel (Abb. 78) ergeben

$$\ddot{\varphi} + \omega_o^2\varphi = 0\,,$$

$$\omega_o = \sqrt{mgs/J_0}\,,$$

$$T_o = 2\pi\sqrt{J_0/mgs}\,.$$

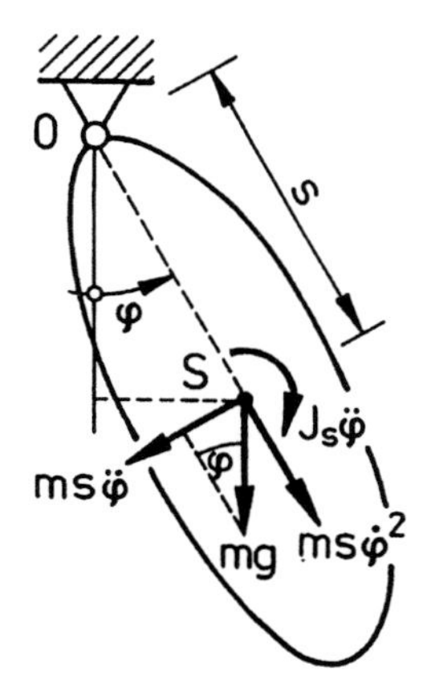

Abbildung 78: Körperpendel

23.4 Freie gedämpfte Schwingungen

Bei einer *freien gedämpften Schwingung* wird in das Schwingungsmodell neben der Masse und der Feder noch ein Dämpfungselement eingefügt, welches den Einfluss der geschwindigkeitsproportionalen (STOKESschen) Dämpfung (oder auch Reibung) auf den Schwingungsvorgang berücksichtigen soll. Legen wir den Koordinatenursprung in die statische Ruhelage (Abb. 79), dann brauchen wir das Eigengewicht des Schwingers nicht in die Differentialgleichung aufzunehmen und schreiben

$$m\ddot{x} + b\dot{x} + kx = 0\,.$$

Es ist üblich, den *Abklingkoeffizienten* $\delta = b/2m$ und den *Dämpfungsgrad* $\vartheta = \delta/\omega_o$ zu verwenden und damit die Differentialgleichung der Schwingung in der Form

$$\ddot{x} + 2\delta\dot{x} + \omega_o^2 x = 0$$

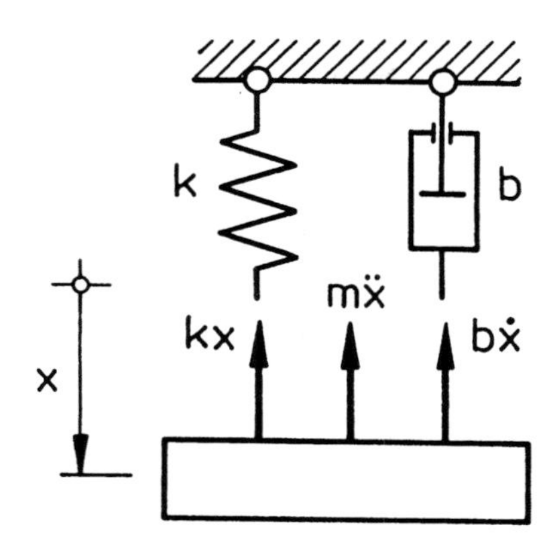

Abbildung 79: Freie gedämpfte Schwingung

bzw.

$$\ddot{x} + 2\vartheta\omega_o\dot{x} + \omega_o^2 x = 0$$

darzustellen.

Die Lösung dieser Differentialgleichung hängt davon ab, ob der Dämpfungsgrad

$\vartheta > 1$: (starke Dämpfung, *aperiodische Bewegung*),
$\vartheta = 1$: (kritische Dämpfung) oder
$\vartheta < 1$: (schwache Dämpfung) ist.

Als technisch wichtigen Fall betrachten wir nur die schwache Dämpfung mit der allgemeinen Lösung

$$x(t) = \widehat{C}\,\mathrm{e}^{-\delta t}\sin(\omega_d\,t + \beta)\,,$$

wobei wir die Integrationskonstanten $\widehat{C}$ und β aus den Anfangsbedingungen $x(t=0) = x_o, \dot{x}(t=0) = v_o$ ermitteln, und

$$\omega_d = \omega_o\sqrt{1-\vartheta^2} = \sqrt{\omega_o^2 - \delta^2}$$

die Eigenkreisfrequenz der gedämpften Schwingung ist.

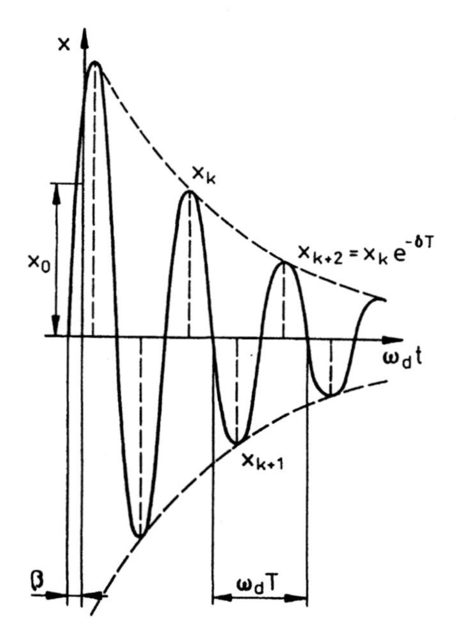

Abbildung 80: Ausschwingkurve

Unterziehen wir die in Abb. 80 gezeichnete *Ausschwingkurve* einer Kurvendiskussion, dann bestimmen wir zunächst als Schwingungsdauer der freien gedämpften Schwingung

$$T = \frac{2\pi}{\omega_d} = \frac{2\pi}{\omega_o}\frac{1}{\sqrt{1-\vartheta^2}}\,.$$

Das Ergebnis, dass die Nulldurchgänge dieser abklingenden Bewegung immer den gleichen Abstand haben, war von vornherein nicht ohne weiteres zu vermuten.

Das Verhältnis zweier aufeinander folgender Amplituden gleichen Vorzeichens

$$\frac{x_k}{x_{k+2}} = \mathrm{e}^{\delta T}$$

hat unabhängig von der Stelle k, an der diese Amplituden gemessen werden, immer den gleichen, nur aus den Eigenschaften des Schwingers hergeleiteten Wert. Auch das ist ein zunächst unerwartetes Ergebnis.

Nach CARL FRIEDRICH GAUSS (1777 – 1855) führen wir das *logarithmische Dekrement*

$$\Lambda = \delta T = \ln\frac{x_k}{x_{k+2}}$$

ein und finden dann in der Formel

$$\vartheta = \frac{\Lambda}{\sqrt{4\pi^2 + \Lambda^2}}$$

eine Möglichkeit, die Größe der Dämpfung aus einem sogen. „Ausschwingversuch“ zu berechnen. (Dies ist für technische Aufgabenstellungen äußerst wichtig, da über die Größe der Dämpfung vielfach Unklarheit herrscht.)

Einheit des Abklingkoeffizienten:
$[\delta] = 1\ 1/\mathrm{s}$,
Einheit des Dämpfungsgrades:
$[\vartheta] = 1$,
Einheit des logarithmischen Dekrements:
$[\Lambda] = 1$.

Weiterführende Stoffgebiete: COULOMBsche (trockene) Dämpfung.

23.5 Erzwungene Schwingungen

Erzwungene Schwingungen unterscheiden sich von freien Schwingungen dadurch, dass von „außen her“ eine meistens periodisch veränderliche Erregung auf das System einwirkt und damit die stetige Abnahme der Amplituden verhindert. Als zeitlich periodische Erregungsarten betrachten wir die in Abb. 81 dargestellten Fälle:

Kraft an der Punktmasse,
Bewegung des Federfußpunktes,
Bewegung des Dämpferfußpunktes,
Bewegung des Feder- und Dämpferfußpunktes.

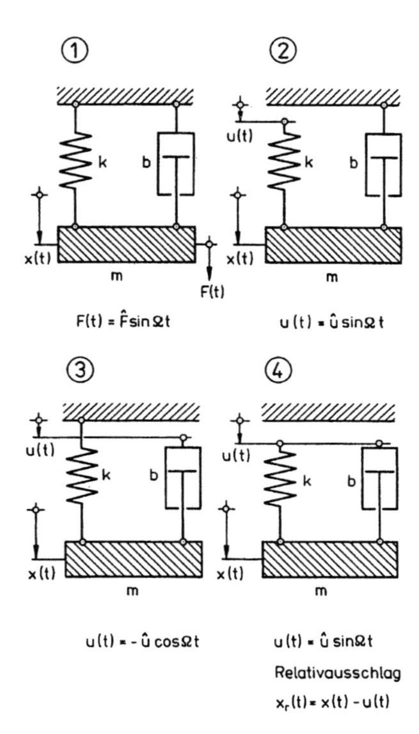

Abbildung 81: Erregungsarten bei Schwingungen

Bilden wir bei Berüksichtigung der D'ALEMBERTschen Trägheitskraft in gewohnter Weise das Gleichgewicht aller an der Punktmasse angreifenden Kräfte, so erhalten wir mit den bisher verwendeten Abkürzungen und der *Erregerkreisfrequenz* Ω für alle vier Erregungsarten die inhomogene Differentialgleichung

$$\ddot{x} + 2\delta\dot{x} + \omega_o^2 x = S\sin\Omega t$$

bzw.

$$\ddot{x} + 2\vartheta\omega_o\dot{x} + \omega_o^2 x = S\sin\Omega t\,.$$

Die Konstante S hat für die vier untersuchten Belastungen die in Tabelle 5 angegebenen Werte.

	1	2	3	4
S	$\widehat{F}/m$	$\omega_o^2\,\widehat{u}$	$2\,\delta\,\widehat{u}\,\Omega$	$\widehat{u}\,\Omega^2$

Tabelle 5: Konstanten für erzwungene Schwingungen

Die allgemeine Lösung der inhomogenen Differentialgleichung setzt sich aus der Lösung der homogenen Differentialgleichung und einer *partikulären Lösung* der inhomogenen Differentialgleichung zusammen. Erstere ist nichts anderes als die Lösung der freien gedämpften Schwingung, die wir bereits in Abschnitt 23.4 ermittelt haben. Dieser Teil der Bewegung ist im allgemeinen nach relativ kurzer Zeit abgeklungen.

Die partikuläre Lösung (man sagt auch: „Das partikuläre Integral“) beschreibt die *stationäre Schwingung* oder auch die *Dauerschwingung*. Um diesen Teil der vollständigen Lösung zu erhalten, wählen wir einen allgemeinen Ansatz mit der Erregerkreisfrequenz Ω und den Konstanten $\widehat{K}$ und ψ

$$x_p = \widehat{K} \sin(\Omega t - \psi)$$

und berechnen diese Konstanten $\widehat{K}$ und ψ so, dass die inhomogene Differentialgleichung erfüllt wird.

Mit dem *Abstimmungsverhältnis*

$$\eta = \frac{\Omega}{\omega_o}$$

folgen der *Amplitudenfrequenzgang*

$$\widehat{K} = \frac{S}{\omega_o^2} \frac{1}{\sqrt{(1-\eta^2)^2 + 4\vartheta^2\eta^2}}$$

und der *Phasenfrequenzgang*

$$\tan\psi = \frac{2\vartheta\eta}{1-\eta^2}.$$

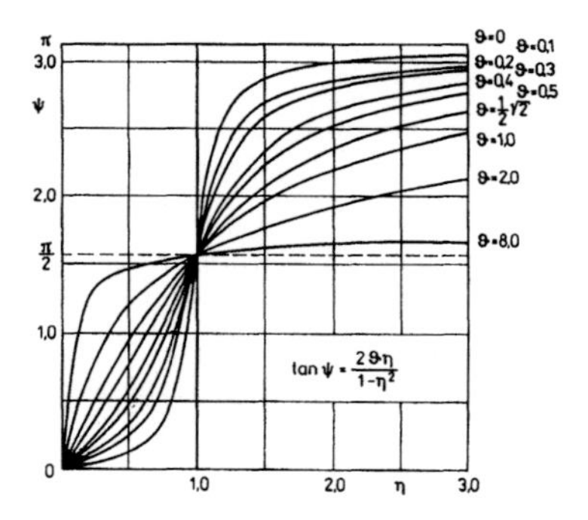

Abbildung 82: Phasenfrequenzgang

Während der in Abb. 82 gezeichnete Phasenfrequenzgang für alle vier Erregungsarten gilt, müssen wir in die Gleichung für den Amplitudenfrequenzgang die Konstante S für jeden Erregungsfall einsetzen:

$$\widehat{K}_1 = \frac{\widehat{F}}{k} \frac{1}{\sqrt{(1-\eta^2)^2 + 4\vartheta^2\eta^2}} = (\widehat{F}/k)V_I\,,$$

$$\widehat{K}_2 = \widehat{u} \frac{1}{\sqrt{(1-\eta^2)^2 + 4\vartheta^2\eta^2}} = \widehat{u}\,V_I\,,$$

$$\widehat{K}_3 = \widehat{u} \frac{2\vartheta\,\eta}{\sqrt{(1-\eta^2)^2 + 4\vartheta^2\eta^2}} = \widehat{u}\,V_{II}\,,$$

$$\widehat{K}_4 = \widehat{u} \frac{\eta^2}{\sqrt{(1-\eta^2)^2 + 4\vartheta^2\eta^2}} = \widehat{u}\,V_{III}\,.$$

Die drei Funktionen V_I, V_{II} und V_{III} nennt man *Vergrößerungsfunktionen.* Sie sind in den Abb. 83, 84, 85 dargestellt. Sie geben an, ob bei einer vorgeschriebenen Dämpfung und einem bekannten Abstimmungsverhältnis die Amplitude der Schwingung gegenüber der Amplitude der Erregung vergrößert ($V > 1$) oder verkleinert ($V < 1$) wird. (Im Fall $\widehat{K}_1$ ist es die Vergrößerung oder die Verkleinerung der Amplitude $q_{st} = \widehat{F}/k$ der „statischen Ruhelage", d. h. der Verschiebung der Punktmasse unter der konstanten Kraft $\widehat{F}$.)

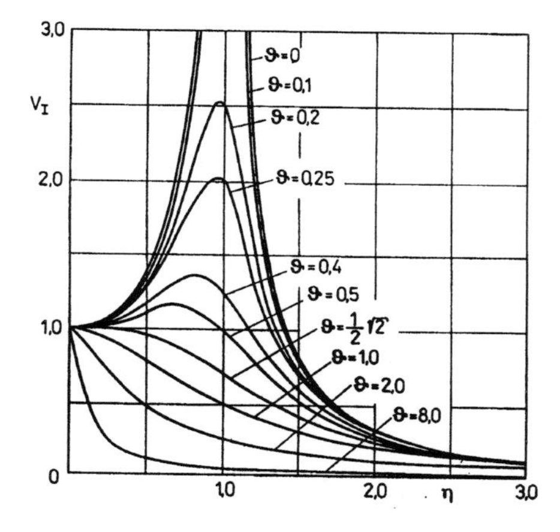

Abbildung 83: Funktion V_I

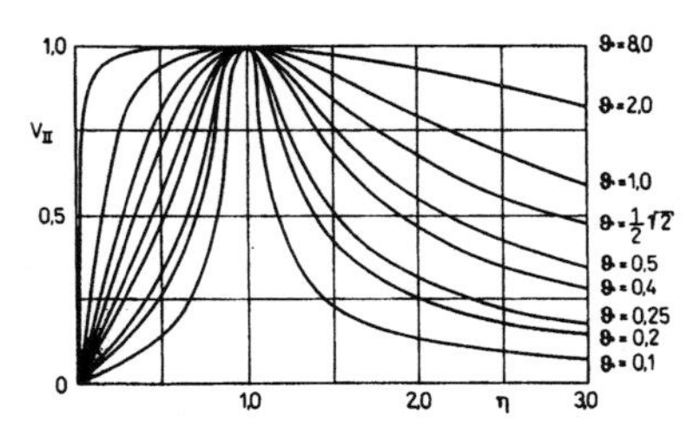

Abbildung 84: Funktion V_{II}

Die für jede Dämpfung maximal mögliche Amplitude $\widehat{K} > 1$ nennt man *Resonanzamplitude* und diese für viele Schwingungsvorgänge äußerst gefährliche Erhöhung der Amplituden *Resonanz*. (Sie alle kennen die im jugendlichen Übermut praktizierten „Experimente", Holzstege, Geländer, gefederte Fahrzeuge u. ä. durch *empirisch* gefundene Schwingungserregungen zu Schwingungen mit großen Amplituden anzufachen.)

Das Auftreten von Resonanzerscheinungen kann bei vielen Bauwerken oder auch Maschinen und ihren Teilen sehr gefährlich werden. Nun ist bei komplizierten

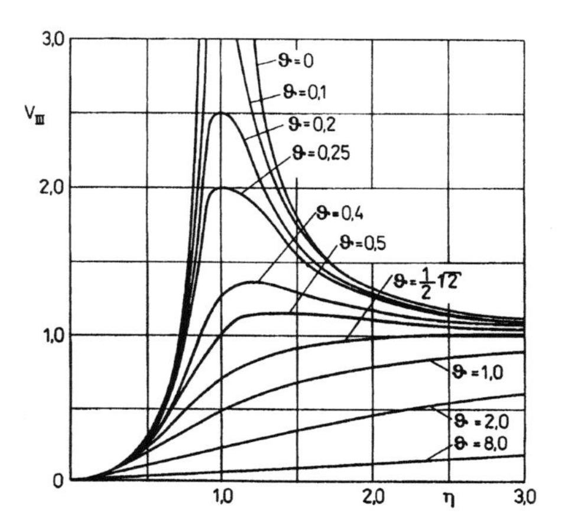

Abbildung 85: Funktion V_{III}

Bauwerken die exakte Ermittlung der Resonanzlagen bei genauer Berücksichtigung der Dämpfungseigenschaften recht aufwendig. Da der Ingenieur jedoch für die zulässigen Erregerkreisfrequenzen immer einen gewissen „Sicherheitsabstand" von den durch Resonanz gefährdeten Bereichen vorsehen wird und uns ein Blick auf die Vergrößerungsfunktionen zeigt, dass die Resonanzstellen für unterschiedliche Dämpfungsparameter nicht allzuweit voneinander entfernt liegen, kann man – falls es nur auf die *Lage* der Resonanzstellen ankommt – mit genügender Genauigkeit die Dämpfung vernachlässigen. Wenn es dagegen bei einer erzwungenen Schwingung auf die *Größe* der Amplitude ankommt, muss man sehr wohl die Dämpfung berücksichtigen.

Für sehr schwache Dämpfungen kann die Resonanzamplitude in der Nähe von $\eta = 1$ sehr groß werden. Aus einer Kurvendiskussion erhalten wir für die Vergrößerungsfunktionen V_I und V_{III} nachstehende Extremwerte:

$$\eta_{I,\mathrm{Res}} = \sqrt{1-2\vartheta^2}:$$

$$V_{I,\max} = \frac{1}{2\vartheta\sqrt{1-\vartheta^2}},$$

$$\eta_{III,\mathrm{Res}} = \frac{1}{\sqrt{1-2\vartheta^2}}:$$

$$V_{III,\max} = \frac{1}{2\vartheta\sqrt{1-\vartheta^2}}.$$

Sie sehen, dass eine Resonanz, also $V > 1$, überhaupt nur bei Dämpfungswerten $\vartheta < 0,5\sqrt{2}$ auftreten kann, da sonst der Radikand unter der Wurzel im zugehörigen Abstimmungsverhältnis negativ wird. Für alle Dämpfungswerte $\vartheta \geq 0,5\sqrt{2}$ liegen die horizontalen Tangenten der Vergrößerungsfunktionen mit dem Wert 1,0 entweder bei 0 (für V_I) oder bei ∞ (für V_{III}). Die oft gehörte Formulierung „*Resonanz tritt auf, wenn die Erregerkreisfrequenz mit der Eigenkreisfrequenz übereinstimmt, also* $\eta = 1$“, ist falsch! Für $\eta = 1$ haben nämlich die Vergrößerungsfunktionen den Wert

$$V_I(\eta = 1) = V_{III}(\eta = 1) = \frac{1}{2\vartheta}.$$

Sie gehen nur für verschwindende Dämpfung ($\vartheta \to 0$) nach Unendlich.

Wir wollen die Anwendung von Vergrößerungsfunktionen an einem Beispiel zeigen. Eine Masse $m = 1,4$ kg wird über eine Feder mit der Federkonstanten $k = 1,8$ N/cm zu Schwingungen angeregt. Die Amplitude der Erregung beträgt $\widehat{u} = 2,2$ cm. Gesucht ist die Dämpfungskonstante b so, dass die Resonanzamplitude der schwingenden Masse den Wert der Erregeramplitude nicht mehr als 40% übersteigt. (Siehe Erregungsart 2 in Abb. 81.)

Da

$$x_{\max} = \widehat{K}_{2,\max} = \widehat{u}\, V_{I,\max} \leq 1,4\,\widehat{u}$$

sein soll, folgt (wenn wir nur das Gleichheitszeichen in vorstehender Beziehung berücksichtigen) zunächst

$$V_{I,\max} = \frac{1}{2\vartheta\sqrt{1-\vartheta^2}} = 1,4$$

und daraus eine biquadratische Gleichung für ϑ^2

$$\vartheta\sqrt{1-\vartheta^2} = \frac{1}{2\cdot 1,4} = 0,3571$$

mit den beiden Lösungen

$$\vartheta_1^2 = 0,15 \quad\to\quad \vartheta_1 = 0,3873\,,$$

$$\vartheta_2^2 = 0,85 \quad\to\quad \vartheta_2 = 0,9219\,.$$

Natürlich kommt für unsere technische Anwendung nur der Wert

$$\vartheta_1 = \vartheta = 0,3873$$

in Frage, da

$$\vartheta_2 = 0,9219 > 0,5\sqrt{2} = 0,7071$$

ist und deshalb zu keinem Resonanzausschlag führt. (Die Tatsache, dass bei technischen Berechnungen von den beiden Lösungen einer auftretenden quadratischen Gleichung nur eine sinnvoll und damit technisch brauchbar ist, darf Sie nicht verwundern. Es ist immer sinnvoll, jedes mathematische Ergebnis hinsichtlich des ingenieurmäßigen Gehalts zu überprüfen.)

Wir berechnen somit aus

$$\vartheta = \frac{\delta}{\omega_o} = \frac{b}{2\,m\,\omega_o} = \frac{b}{2\sqrt{m\,k}}$$

die gesuchte Dämpfungskonstante

$$\begin{aligned} b &= 2\vartheta\sqrt{m\,k} = 2\cdot 0,3873\sqrt{1,4\cdot 180,0} \\ &= 12,296\,\frac{\text{Ns}}{\text{m}}\,. \end{aligned}$$

(Da wir es hier mit verschiedenen Maßeinheiten (kg, N, m, s) zu tun haben, ist es angebracht, auf ihren Zusammenhang hinzuweisen: *Die Kraft 1,0 N ist die Kraft, die der Masse 1,0 kg eine Beschleunigung 1,0 m/s² erteilt.* Es gilt also

$$1,0\,\text{N} = 1,0\,\text{kg}\cdot 1,0\,\frac{\text{m}}{\text{s}^2} = 1,0\,\frac{\text{kg}\,\text{m}}{\text{s}^2}\,.)$$

Der Resonanzfall tritt für das Abstimmungsverhältnis

$$\begin{aligned} \eta_{I,\text{Res}} &= \sqrt{1-2\vartheta^2} \\ &= \sqrt{1-2\cdot 0,15} = 0,8367 \end{aligned}$$

auf, wozu wegen der Eigenkreisfrequenz des ungedämpften Schwingers

$$\omega_o = \sqrt{\frac{k}{m}} = \sqrt{\frac{180,0}{1,4}} = 11,34\,\frac{1}{\text{s}}$$

die Erregerkreisfrequenz des Dämpferfußpunktes

$$\begin{aligned} \Omega_{\text{Res}} &= \eta_{I,\text{Res}}\,\omega_o \\ &= 0,8367\cdot 11,34 = 9,49\,\frac{1}{\text{s}} \end{aligned}$$

gehört.

Wenn diese Erregerkreisfrequenz verdoppelt wird, ergibt sich mit dem dann ebenfalls verdoppelten Abstimmungsverhältnis $\eta = 2\cdot 0,8367 = 1,673$ als Vergrößerungsfunktion

$$\begin{aligned} V_1 &= \frac{1}{\sqrt{(1-\eta^2)^2 + 4\vartheta^2\eta^2}} \\ &= \frac{1}{\sqrt{(1-1,673^2)^2 + 4\cdot 0,3873^2\,1,673^2}} \\ &= 0,451\,, \end{aligned}$$

die somit auf 32% der maximalen Vergrößerungsfunktion abgesunken ist.

Abschließend wollen wir untersuchen, wie groß bei der Erregungsart 4 (Abb. 81) der Absolutausschlag $x(t)$ der schwingenden Masse m ist. Es gelten

$$x(t) = x_r(t) + u(t)$$

und damit

$$x(t) = \widehat{u}\,V_{III}\sin(\Omega\,t - \psi) + \widehat{u}\,\sin\Omega\,t\,.$$

Setzen wir in diese Gleichung die Vergrößerungsfunktion V_{III} ein und berücksichtigen die aus dem Phasenfrequenzgang

$$\tan\psi = \frac{2\vartheta\eta}{1-\eta^2}\,.$$

folgenden Winkelfunktionen

$$\begin{aligned} \cos\psi &= \frac{1}{\sqrt{1+\tan^2\psi}} \\ &= \pm\frac{1-\eta^2}{\sqrt{(1-\eta^2)^2 + 4\vartheta^2\eta^2}}\,, \\ \sin\psi &= \cos\psi\tan\psi \\ &= \pm\frac{2\vartheta\eta}{\sqrt{(1-\eta^2)^2 + 4\vartheta^2\eta^2}}\,, \end{aligned}$$

so erhalten wir eine zunächst etwas kompliziert aussehende Gleichung

$$x(t) = \widehat{u}\,[(\frac{(1-\eta^2)\eta^2}{(1-\eta^2)^2+4\vartheta^2\eta^2}+1)\sin\Omega\,t -$$

$$-\frac{2\vartheta\eta^3}{(1-\eta^2)^2+4\vartheta^2\eta^2}\cos\Omega\,t]\,.$$

Diese kann jedoch auf eine übersichtlichere Form gebracht werden, wenn wir für den Absolutausschlag $x(t)$ einen Ansatz

$$x(t) = \widehat{u}\,V_{IV}(\sin(\Omega\,t-\varphi)$$

$$= \widehat{u}\,V_{IV}(\sin\Omega\,t\cos\varphi - \cos\Omega\,t\sin\varphi)$$

wählen. Es ergeben sich nach einer einfachen Zwischenrechnung die *Vergrößerungsfunktion* (Abb. 86)

$$V_{IV} = \sqrt{\frac{1+4\vartheta^2\eta^2}{(1-\eta^2)^2+4\vartheta^2\eta^2}}$$

und der *Phasenfrequenzgang* (Abb. 87)

$$\tan\varphi = \frac{2\vartheta\eta^3}{1-\eta^2+4\vartheta^2\eta^2}\,.$$

Die Kurven der Vergrößerungsfunktion V_{IV} besitzen je nach Dämpfungsgrad ϑ ein Maximum für das Abstimmungsverhältnis

$$\eta_{IV,\mathrm{Res}} = \frac{1}{2\vartheta}\sqrt{\sqrt{1+8\vartheta^2}-1}$$

von der Größe

$$V_{IV,\max} = \frac{1}{\sqrt{1-\frac{1}{16\vartheta^4}(\sqrt{1+8\vartheta^2}-1)^2}}\,.$$

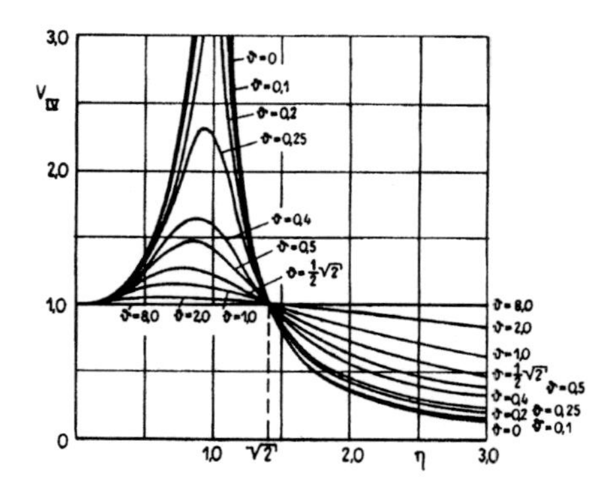

Abbildung 86: Funktion V_{IV}

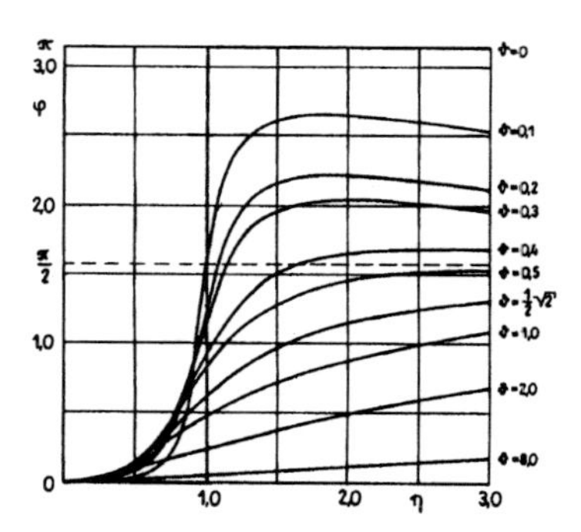

Abbildung 87: Phasenfrequenzgang

Da dieses Schwingungsmodell oft zur Berechnung von elastisch gelagerten Messgeräten verwendet wird, soll eine kurze Diskussion der sich aus dem Verlauf von Phasenfreqenzgang und Vergrößerungsfunktion abzuleitenden Folgerungen durchgeführt werden.

1. Ist die Eigenkreisfrequenz ω_o der ungedämpft schwingenden Masse m sehr groß gegenüber der Erregerkreisfrequenz Ω, ($\omega_o \gg \Omega$) und deshalb das Abstimmungsverhältnis $\eta = \Omega/\omega_o$ sehr klein, dann werden die Vergrößerungsfunktion

$V_{IV} \approx 1,0$ und der Phasenverschiebungswinkel φ sehr klein ($\varphi \to 0$). Damit gilt

$$x(t) = \widehat{u}\, V_{IV} \sin(\Omega\, t - \varphi) \approx \widehat{u} \sin \Omega t\,,$$

und das bedeutet, dass die Masse m „in Phase" mit der Fußpunkterregung schwingt. Die Relativbewegung zwischen Masse und Fußpunkt ist annähernd Null. Dieses Ergebnis erhalten wir auch, wenn wir den relativen Ausschlag berechnen. Mit $V_{III} \to 0$ und $\psi \to 0$ folgt

$$x_r(t) = \widehat{u}\, V_{III} \sin(\Omega\, t - \psi) \approx 0\,.$$

Man nennt einen solchen Schwinger *hoch abgestimmt.*

2. Ist die Eigenkreisfrequenz ω_o der ungedämpft schwingenden Masse m sehr klein gegenüber der Erregerkreisfrequenz Ω ($\omega_o \ll \Omega$) und deshalb das Abstimmungsverhältnis $\eta = \Omega/\omega_o$ sehr groß, dann wird $\varphi \to \pi/2$ (siehe Abb. 87), und der Grenzübergang $\eta \to \infty$ liefert $V_{IV} \to 0$. Die schwingende Masse bewegt sich also nicht. Den Relativausschlag gewinnen wir mit der Vergrößerungsfunktion $V_{III} \to 1$ (siehe Abb. 85) und dem Phasenverschiebungswinkel $\psi \to \pi/2$ zu
$$\begin{aligned} x_r(t) &= \widehat{u} \sin(\Omega\, t - \pi/2) \\ &= -\widehat{u} \sin \Omega\, t\,, \end{aligned}$$
und damit wird wiederum
$$x(t) = x_r(t) + u(t) = 0\,.$$

Die Masse m schwingt „in Gegenphase" zur Erregung und bleibt „von außen gesehen" in Ruhe. Diesen Schwinger nennt man *tief abgestimmt.*

3. Für alle Abstimmungsverhältnisse $\eta < \sqrt{2}$ ist die Vergrößerungsfunktion V_{IV} für den Absolutausschlag unabhängig von der Dämpfung *immer* größer als 1. Eine Schwingungsamplitude kleiner als die Erregeramplitude lässt sich nicht erreichen. Das ist erst für $\eta > \sqrt{2}$ der Fall, wobei der Dämpfungsgrad ϑ möglichst klein gehalten werden sollte.

Als Beispiel sei ein Körper mit der Masse $m = 50,0$ kg gegeben, der über 2 Federn und einen Dämpfer abgestützt ist (jeweilige Federkonstante $k = 20,0$ N/cm, Dämpfungskonstante $b = 3,0$ Ns/cm). Die Aufhängung des Körpers schwingt nach der Funktion $u(t) = \widehat{u} \sin \Omega t$ mit der Schwingungsdauer $T = 0,3$ s und der Amplitude $\widehat{u} = 1,5$ cm. Die Schwingung der Masse soll untersucht werden (Abbildung 88).

Da an der Masse 2 Federn angebracht sind, addiert sich ihre Wirkung (sie sind „parallel geschaltet"), und wir müssen in den verwendeten Gleichungen die Federkonstante k durch $2k$ ersetzen. So folgt die Eigenkreisfrequenz zu

$$\omega_o = \sqrt{\frac{2k}{m}} = \sqrt{\frac{2 \cdot 20,0 \cdot 10^2}{50,0}} = 8,94\,\frac{1}{\mathrm{s}}\,,$$

und mit der Erregerkreisfrequenz

$$\Omega = \frac{2\pi}{T} = \frac{2\pi}{0,3} = 20,94\,\frac{1}{\mathrm{s}}$$

erhält man das Abstimmungsverhältnis

$$\eta = \frac{\Omega}{\omega_o} = \frac{20,94}{8,94} = 2,34\,.$$

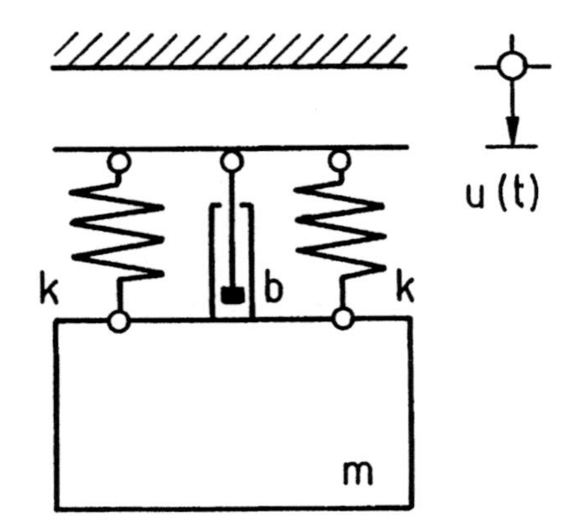

Abbildung 88: Fußpunkterregung V_{IV}

Der Dämpfungsgrad beträgt

$$\vartheta = \frac{b}{2\sqrt{m2k}}$$

$$= \frac{3,0 \cdot 10^2}{2\sqrt{50,0 \cdot 2 \cdot 20,0 \cdot 10^2}} = 0,335\,.$$

1. Wir wollen zunächst den Relativausschlag der Schwingung berechnen. Er ergibt sich mit dem Phasenverschiebungswinkel

$$\tan\psi = \frac{2\vartheta\eta}{1-\eta^2} = \frac{2 \cdot 0,335 \cdot 2,34}{1-2,34^2}$$

$$= -0,3503 \;\rightarrow\; \psi = 160,69° = 2,805$$

und der Amplitude

$$\widehat{K}_4 = \widehat{u}\frac{\eta^2}{\sqrt{(1-\eta^2)^2 + 4\vartheta^2\eta^2}} = \widehat{u}\,V_{III}$$

$$= \widehat{u}\frac{2,34^2}{\sqrt{(1-2,34^2)^2 + 4 \cdot 0,335^2\, 2,34^2}}$$

$$= \widehat{u}\,1,155 = 1,73\,\text{cm}$$

in der Form

$$\boxed{x_r(t) = 1,73\,\sin(20,94\,t - 2,805)\ \text{cm}\,,}$$

(wobei wegen $[\Omega]$=1/s die Zeit natürlich in s einzusetzen ist).

2. Nun bestimmen wir den Absolutausschlag. Wir berechnen nacheinander den Phasenverschiebungswinkel

$$\tan\varphi = \frac{2\vartheta\eta^3}{1-\eta^2+4\vartheta^2\eta^2}$$

$$= \frac{2 \cdot 0,335 \cdot 2,34^3}{1-2,34^2+4 \cdot 0,335^2\, 2,34^2}$$

$$= -4,2549 \;\rightarrow\; \varphi = 103,23° = 1,802$$

und die Vergrößerungsfunktion

$$V_{IV} = \sqrt{\frac{1+4\vartheta^2\eta^2}{(1-\eta^2)^2+4\vartheta^2\eta^2}}$$

$$= \sqrt{\frac{1+4 \cdot 0,335^2\, 2,34^2}{(1-2,34^2)^2+4 \cdot 0,335^2\, 2,34^2}}$$

$$= 0,392\,,$$

woraus der Absolutausschlag in der Form

$$\boxed{\begin{aligned} x(t) &= \widehat{u}\,0,392\,\sin(20,94\,t - 1,802)\ \text{cm} \\ &= 0,59\,\sin(20,94\,t - 1,802)\ \text{cm} \end{aligned}}$$

folgt. Natürlich erhielte man auch den Absolutausschlag, wenn man den Relativausschlag mit der Erregerfunktion superponiert. Wir verwenden diese Tatsache als Kontrolle, bilden also

$$x(t) = x_r(t) + u(t)$$

und erhalten aus

$$x(t) = 1,73\ \sin(\Omega\, t - 2,805) + 1,5\ \sin\Omega\, t$$
$$= 1,73\,(\sin\Omega\, t\cos 2,805 -$$
$$- \cos\Omega\, t\sin 2,805) + 1,5\ \sin\Omega t$$
$$= (-0,133\ \sin\Omega\, t - 0,571\ \cos\Omega\, t)\ \mathrm{cm}$$

die vorstehend berechnete Gleichung.

Vergleicht man die Funktion der Fußpunkterregung mit denen des Relativausschlages und des Absolutausschlages der schwingenden Masse

$$u(t) = 1,5\ \sin\Omega\, t\,,$$
$$x_r(t) = 1,73\ \sin(\Omega\, t - 2,805)\,,$$
$$x(t) = 0,59\ \sin(\Omega\, t - 1,802)$$

so erkennt man, dass alle Schwingungen zwar mit der gleichen Schwingungsdauer $T = 2\pi/\Omega$ schwingen, ihre maximalen (verschiedenen) Ausschläge aber infolge der Phasenverschiebungswinkel zeitlich versetzt sind.

Nun fragen wir noch nach den Abstimmungsverhältnissen, für welche bei diesem Schwingungsmodell die maximalen Vergrößerungsfunktionen vorliegen.

3. Die größte Amplitude der relativen Schwingung ergibt sich für das Abstimmungsverhältnis

$$\eta_{III,\mathrm{Res}} = \frac{1}{\sqrt{1 - 2\,\vartheta^2}} = \frac{1}{\sqrt{1 - 2 \cdot 0,335^2}}$$
$$= 1,136 \quad \rightarrow \quad \Omega = 10,16\,\frac{1}{\mathrm{s}}\,,$$

zu welchem die Vergrößerungsfunktion

$$V_{III,\max} = \frac{1}{2\vartheta\sqrt{1 - \vartheta^2}}$$
$$= \frac{1}{2 \cdot 0,335\sqrt{1 - 0,335^2}} = 1,584$$

gehört.

4. Der größte Absolutausschlag stellt sich bei einem Abstimmungsverhältnis

$$\eta_{IV,\mathrm{Res}} = \frac{1}{2\vartheta}\sqrt{\sqrt{1 + 8\vartheta^2} - 1}$$
$$= \frac{1}{2 \cdot 0,335}\sqrt{\sqrt{1 + 8 \cdot 0,335^2} - 1}$$
$$= 0,917 \quad \rightarrow \quad \Omega = 8,20\,\frac{1}{\mathrm{s}}$$

ein und wird mit einer Vergrößerungsfunktion

$$V_{IV,\max}$$
$$= \frac{1}{\sqrt{1 - \frac{1}{16\vartheta^4}(\sqrt{1 + 8\vartheta^2} - 1)^2}} =$$
$$\frac{1}{\sqrt{1 - \frac{1}{16 \cdot 0,335^4}(\sqrt{1 + 8 \cdot 0,335^2} - 1)^2}}$$
$$= 1,849$$

berechnet.

Einheit der Erregerkreisfrequenz:
$[\Omega] = 1\ 1/\mathrm{s}$,
Einheit des Abstimmungsverhältnisses:
$[\eta] = 1$,
Einheit der Vergrößerungsfunktionen:
$[V] = 1$.

Weiterführende Stoffgebiete: Unwuchterregung, kinetische Stützkräfte, Ortskurven, Energiebilanzen.

Verwendete Formelzeichen

$\boldsymbol{a}$; a	$\mathrm{m/s^2}$	Beschleunigungsvektor; Bahnbeschleunigung
$\boldsymbol{a_t}$; a_t	$\mathrm{m/s^2}$	Vektor der Tangentialbeschleunigung; Tangentialbeschleunigung
$\boldsymbol{a_n}$; a_n	$\mathrm{m/s^2}$	Vektor der Normalbeschleunigung; Normalbeschleunigung
A	$\mathrm{m^2}$	Fläche
b	Ns/m	Dämpfungskonstante
$\widehat{C}$	m	Schwingungsamplitude
$\boldsymbol{e_x}$, $\boldsymbol{e_y}$, $\boldsymbol{e_z}$	1	Einheitsvektoren
$\boldsymbol{e_t}$; $\boldsymbol{e_n}$	1	Tangenteneinheitsvektor; Hauptnormaleneinheitsvektor
E	$\mathrm{N/m^2}$	Elastizitätsmodul
E_{kin}	J, Nm, $\mathrm{kgm^2/s^2}$	kinetische Energie
E_{pot}	J, Nm, $\mathrm{kgm^2/s^2}$	potentielle Energie
f	1	Freiheitsgrad
f; f_o	1/s, Hz	Frequenz; Eigenfrequenz
$\boldsymbol{F}$; F; $\widehat{F}$	N	Kraftvektor; Kraft; Kraftamplitude
F_x, F_y, F_z	N	Komponenten eines Kraftvektors
g	$\mathrm{m/s^2}$	Fallbeschleunigung
G	$\mathrm{N/m^2}$	Schubelastizitätsmodul, Gleitmodul
i	m	Trägheitsradius
I_{xx}, I_{yy}	$\mathrm{m^4}$	axiale Flächenmomente 2. Grades (axiale Flächenträgheitsmomente)
I_{xy}	$\mathrm{m^4}$	gemischtes Flächenmoment 2. Grades (Deviationsmoment, Zentrifugalmoment)
I_p	$\mathrm{m^4}$	polares Flächenmoment 2. Grades
J_C	$\mathrm{kgm^2}$, $\mathrm{Nms^2}$	Massenmoment 2. Grades (Massenträgheitsmoment)
k	N/m, Nm	Federkonstante, Krafteinflusszahl
$\widehat{K}$	m	Schwingungsamplitude

l	m	Länge, Linie
l_K	m	Knicklänge
L	N	Längskraft
$\boldsymbol{L}$; L	kgm²/s, Nms	Drallvektor, Drehimpulsvektor; Drehimpuls
m	kg, Ns²/m	Masse
m	1	POISSONsche Konstante
$\boldsymbol{M}$; M	Nm	Momentenvektor; Biegemoment, Drehmoment, Moment
M_x, M_y, M_z	Nm	Komponenten eines Momentenvektors
M_t	Nm	Torsionsmoment
n	1/min	Drehzahl
$\boldsymbol{p}$; p	kgm/s; Ns	Impulsvektor; Impuls
p	N/m	Linienkraft
p	N/m²	Flächenkraft
p	N/m³	Volumenkraft
P	Nm/s, W	Leistung
q	N/m	Linienkraft
q	m; 1	generalisierte Koordinate
Q	N	Querkraft
$\boldsymbol{r}$; r	m	Abstandsvektor, Ortsvektor; Polarkoordinate
r_x, r_y, r_z	m	Komponenten eines Abstandsvektors
R	m	Radius
s	m	Koordinate, Weg
S	1	Sicherheitsbeiwert
t	s	Zeit
T; T_o	s	Schwingungsdauer, Umlaufzeit; Eigenschwingungsdauer
T	K	Temperatur
$\widehat{u}$	m	Wegamplitude
$\boldsymbol{v}$; v	m/s	Geschwindigkeitsvektor; Bahngeschwindigkeit
V	1	Vergrößerungsfunktion

V	m^3	Volumen
w	m	Verschiebung
W	Nm, J	Arbeit, Formänderungsarbeit
W	m^3	Widerstandsmoment
x, y, z	m	kartesische Koordinaten
$\boldsymbol{\alpha}$; α	$1/s^2$	Vektor der Winkelbeschleunigung; Winkelbeschleunigung
α	1	Nullphasenwinkel, Phasenverschiebungswinkel
$\alpha=1/k$	m/N;1/Nm	Verschiebungseinflusszahl
α_l	m/mK	Längenausdehungskoeffizient
α_x, α_y, α_z	1	Richtungswinkel
β	1	Nullphasenwinkel
δ	1/s	Abklingkoeffizient
ε	1	Längsdehnung
η	1	Abstimmungsverhältnis
ϑ	1	Dämpfungsgrad
κ	1	Schubverteilungszahl
λ	1	Schlankheitsgrad
Λ	1	logarithmisches Dekrement
μ	1	Gleitreibungszahl
μ_o	1	Haftreibungszahl
ν	1	Querdehnungszahl
ϱ	kg/m^3	Dichte
ϱ	m	Krümmungsradius
σ	N/m^2	Längsspannung, Normalspannung
τ	N/m^2	Schubspannung, Tangentialspannung
φ	1	Verdrehungswinkel, Drehwinkel; Polarkoordinate
ψ	1	Nullphasenwinkel, Phasenverschiebungswinkel
$\boldsymbol{\omega}$; ω	1/s	Vektor der Winkelgeschwindigkeit; Winkelgeschwindigkeit
ω, ω_d; ω_o	1/s	Kreisfrequenz; Eigenkreisfrequenz
Ω	1/s	Erregerkreisfrequenz

Empfehlenswerte Bücher

[1] SCHIROTZEK, W.; SCHOLZ, S.: Starthilfe Mathematik.
Stuttgart: Teubner-Verlag 2001.

[2] STOLZ, W.: Starthilfe Physik.
Stuttgart: Teubner-Verlag 2001.

DANKERT, H.; DANKERT, J.: Technische Mechanik (computerunterstützt).
Stuttgart: Teubner-Verlag 1995.

GABBERT, U.; RAECKE, I.: Technische Mechanik für Wirtschaftsingenieure
(Beilage 1 CD-ROM). Leipzig: Fachbuchverlag 2003.

GAMER, U.; MACK, W.: Mechanik - Ein einführendes Lehrbuch für
Studierende der technischen Wissenschaften.
Wien: Springer-Verlag 1999.

GÖLDNER, H.; HOLZWEISSIG, F.: Leitfaden der Technischen Mechanik.
Leipzig: Fachbuchverlag 1980.

GÖLDNER, H.; PFEFFERKORN, W.: Technische Mechanik.
Leipzig Fachbuchverlag.

GROSS, D.; HAUGER, W.; SCHNELL, W.: Technische Mechanik 1 (Statik).
Berlin: Springer-Verlag 1988.

HAUGER, W.; SCHNELL, W.; GROSS, D.: Technische Mechanik 3 (Kinetik).
Berlin: Springer-Verlag 1989.

HOLZMANN, G.; MEYER, H.; SCHUMPICH, G.: Technische Mechanik, 1 – 3.
Stuttgart: Teubner-Verlag 1990 – 2000.

MAGNUS, K.; MÜLLER, H.H.: Grundlagen der Technischen Mechanik.
Stuttgart: Teubner-Verlag 1990.

SCHNELL, W.; GROSS, D.; HAUGER, W.: Technische Mechanik 2 (Elastostatik).
Berlin: Springer-Verlag 1989.

STEGER, H.G.; SIEGHART, J.; GLAUNINGER, E.: Technische Mechanik, 1 – 3.
Stuttgart: Teubner-Verlag 1990 – 1993.

Übungsaufgaben

BÖGE, A.: Formeln und Tabellen zur Technischen Mechanik,
Formelsammlung.
Braunschweig: Vieweg-Verlag 1999.

HAUGER, W.: Aufgaben zur Technischen Mechanik 1 - 3,
Statik, Elastostatik, Kinetik.
Berlin: Springer-Verlag 2001.

KNABENSCHUH, G.: Mechanik-Aufgaben 3 (Kinematik und Kinetik).
Düsseldorf: VDI-Verlag 1979.

MOTZ, H.D.; GROSS, D.: Mechanik-Aufgaben 3 (Kinematik und Kinetik).
Düsseldorf: VDI-Verlag 1992.

MÜLLER, H.H.; MAGNUS, K.: Übungen zur Technischen Mechanik.
Stuttgart: Teubner-Verlag 1988.

RITTINGHAUS, H.; MOTZ, H.D.: Mechanik-Aufgaben, 1 – 2.
Düsseldorf: VDI-Verlag 1990.

VETTERS, K.: Formeln und Fakten.
Stuttgart: Teubner-Verlag 2004.

WEIDEMANN, H.-J.; PFEIFFER, F.: Technische Mechanik in Formeln,
Aufgaben und Lösungen.
Stuttgart: Teubner-Verlag 1995.

Register

Edition am Gutenbergplatz Leipzig / Erschienene Titel:

Walser, Hans (Basel / Frauenfeld):
Der Goldene Schnitt.
Mit einem Beitrag von Hans Wußing (Leipzig)
über populärwissenschaftliche Mathematikliteratur aus Leipzig.
EAGLE 001: www.eagle-leipzig.de/001-walser.htm ► ISBN 3-937219-00-5

Inhetveen, Rüdiger (Erlangen / Bubenreuth):
Logik.
Eine dialog-orientierte Einführung.
EAGLE 002: www.eagle-leipzig.de/002-inhetveen.htm ► ISBN 3-937219-02-1

Brückner, Volkmar (Leipzig) / Hrsg.:
Von der Ingenieurschule zur Fachhochschule.
Jubiläumsschrift, Leipzig 2003.
Grußwort: Staatsminister Matthias Rößler (Dresden).
EAGLE 003: www.eagle-leipzig.de/003-brueckner.htm ► ISBN 3-937219-03-X

Eschrig, Helmut (Dresden):
The Fundamentals of Density Functional Theory.
EAGLE 004: www.eagle-leipzig.de/004-eschrig.htm ► ISBN 3-937219-04-8

Ehrenberg, Dieter / Kaftan, Hans-Jürgen (Leipzig) / Hrsg.:
Herausforderungen der Wirtschaftsinformatik
in der Informationsgesellschaft.
Geleitwort: Erwin Staudt (Berlin).
EAGLE 005: www.eagle-leipzig.de/005-ehrenberg.htm ► ISBN 3-937219-05-6

Graumann, Günter (Bielefeld):
EAGLE-STARTHILFE Grundbegriffe der Elementaren Geometrie.
EAGLE 006: www.eagle-leipzig.de/006-graumann.htm ► ISBN 3-937219-06-4

Hauptmann, Siegfried (Leipzig):
EAGLE-STARTHILFE Chemie.
EAGLE 007: www.eagle-leipzig.de/007-hauptmann.htm ► ISBN 3-937219-07-2

Dettweiler, Egbert (Tübingen):
Risk Processes.
EAGLE 008: www.eagle-leipzig.de/008-dettweiler.htm ► ISBN 3-937219-08-0

Scheja, Günter (Tübingen):
Der Reiz des Rechnens.
EAGLE 009: www.eagle-leipzig.de/009-scheja.htm ► ISBN 3-937219-09-9

Verlagsprogramm und Vorschau: www.eagle-leipzig.de